SANDRA BRUNS
GABRIELE METZ
ESTHER SCHALKE

Hundeführerschein

& Sachkundenachweis

SO GELINGT
DIE PRÜFUNG

MIT FRAGE-ANTWORT-
KATALOG

KOSMOS

Inhalt

4 Lernen, Wissen, Üben – Leben mit Hunden

6 SPURENSUCHE IM TORF

8 Von der Steinzeit bis heute

14 WIR WOLLEN EINEN HUND

16 Zeitbedarf und finanzieller Aufwand
19 Partnerwahl
25 Herkunft des Hundes
28 Rüde oder Hündin?
30 Kennzeichnungspflicht

32 VERHALTEN UND KOMMUNIKATION

34 Die Entwicklungsphasen
37 Der große Tag
38 Welpengruppe
42 Beißhemmung
44 Ausdrucksverhalten und Kommunikation
46 Verhalten auf einen Blick

48 LERNVERHALTEN UND ERZIEHUNG

50 Grundlagen des Lernens
56 Basiserziehung

66 DIE MENSCH-HUND-BEZIEHUNG

68 Hund und Familie
70 Mythen und Märchen
72 Hund und Kinder
74 Hund und Hunde

76 PROBLEMVERHALTEN

78 Angst
80 Probleme mit anderen Hunden
82 Aggression
86 Jagen
88 Trennungsbezogene Probleme
90 Pubertät

ONLINE LERNEN

Wenn ihr nicht genug über Pferde und Reiten bekommen könnt, dann findet ihr hier genug Online-Lesefutter:
https://www.ponykram.de/

FREIZEITREITERVERBAND

Die Vereinigung der Freizeitreiter und -fahrer (VFD) ist der größte Freizeitreiterverband in Deutschland. Er bietet auf seiner Website auch Inhalte für euch an:
https://www.vfdnet.de/index.php/vielfalt/vfdkids

REITSCHULE GESUCHT?

Über ganz Deutschland verteilt gibt es Reitschulen, die Hippolini-Kurse anbieten:
www.hippolini-verband.de

DIE AUTORIN

Sarah Bude ist Reiterin und Erlebnispädagogin. Seit dem Kindesalter beschäftigt sie sich mit Pferden. Sie lebt auf einem Reiterhof bei Berlin.

REGISTER

Aalstrich 7
Absitzen 51
Abstand 59
Abteilung 49
Abzeichen 15
Achal-Tekkiner 12
Anbinden 33
Angst 68f.
Arbeitseinsatz 73
Aufsitzen 51
Aufstiegshilfe 51
Ausmisten 72
Ausritt 60
Ausrüstung 40

Bahnfiguren 49, 59
Bahnregeln 58
Blesse 15
Bodenarbeit 46
Brauner 14
Brumby 12
Bugspitze 26

Cavalettis 64
Cowboypferde 11

Dressurreiten 45

Evolution 7
Exterieur 26

Fahren 45
Fellfarbe 14
Fellpflege, soziale 9
Fessel 26
Flanke 26
Flocke 15
Fluchttier 16
Fohlen 20f.
Fuchs 14
Führen 33

Galopp 52f.
Gamaschen 41
Gehör 16
Gelände 60
Gelassenheitstraining 47
Geschicklichkeitsübungen 66
Gesichtsausdruck 19
Gewichtshilfen 55
Gleichgewicht 48
Grubenpferde 11
Grundgangarten 52

Halfter 33
Haltung 29
Handarbeit 47
Hengst 22f.
Herde 9
Hilfen 55
Hinterröhre 26
Hufkrone 26
Hufrehe 37
Hufschlagfiguren 56

Jacobsonsches Organ 15
Jährling 21
Jochbein 26
Jungpferd 21

Kaltblut 13
Kastanie 26
Kehlriemen 41
Knabstupper 12
Kolik 37
Kommunikation 19, 56
Kötenzopf 26
Kraftfutter 30
Kruppe 26

Lahmheit 37
Leckerlis 31
Lederpflege 73
Loben 33, 57
Longe 41, 54
Longenstunde 54f.
Longieren 41, 46

Mähnenkamm 26
Mauke 37
Mustang 7

Nüstern 26
Nutztier 10

P.A.T.-Werte 36
Paarungszeit 21
Paddock 29
Pass 53
Percheron 12
Pferdehuf 27
Pferderassen 12
Pflegepferd 71
Ponys 12
Przewalski-Pferd 7
PS (Pferdestärke) 11
Puls 36
Putzen 34

Rappe 14
Raufutter 30
Reitbahn 56
Reitbeteiligung 71
Reiterhilfen 55f.
Reiterspiele 66
Reitferien 71
Reitgerte 42
Reithelm 42f.
Reitprüfung 65
Reitschule 70
Reitsportdisziplin 45
Reitstunde 56
Rückepferde 11
Rundumsicht 16

Saftfutter 30
Sattel 40, 51, 64
Schecke 14
Schimmel 14
Schlangenlinien 59
Schlauch 26
Schritt 52f.
Schweifansatz 26
Schweifhaltung 19
Schweifrübe 26
Schweifwurzel 26
Sicherheitsweste 42f.
Sinnesorgane 16
Sitz 50f., 64
Sitzbeinhöcker 26
Sommerekzem 37
Springreiten 45
Sprunggelenk 26
Stallregel 35
Steigbügel 41
Steigbügellänge 41
Stern 15
Stimmhilfen 55
Stockmaß 12
Striegel 34
Striegeln 34
Stute 22f.

Takt 53
Temperament 13
Tierarzt 37
Tölt 45, 53
Trab 52f.

Umgang 32
Urpferdchen 6
Verband 37
Verdauung 27
Verkehrsregeln 61
Vielseitigkeit 45
Vollblut 13
Voltigieren 45
Vorderfußwurzelgelenk 26
Vorderröhre 26

Wallach 22f.
Wanderritt 65
Warmblut 13
Wasser 30f.
Weide 29
Westernreiten 45
Widerrist 26
Wilde Pferde 6f.

Zaumzeug 41
Zirkuslektionen 47
Zügel 55
Zügelhaltung 48
Zügelhilfen 55

BILDNACHWEIS

83 Fotos wurden von **Thea Sütterlin/Kosmos** für dieses Buch aufgenommen. Weitere Farbfotos von **Shutterstock** (S. 6: Daniel Eskridge; S. 7 links: Iceskatinggrizzly; S. 4: Inga_Gedrovicha; S. 10 links: Michael_Kaercher; S. 10 rechts: Cathryn_Anatra; S. 11: Bob_Pool; S. 44: Stefan Holm, S. 45 links: Chris Mole) und **Horst Streitferdt/Kosmos** (S. 7 rechts, 8, 20, 21, 26, 29, 37, 40, 45 Mitte und rechts).
Illustrationen von **Cornelia Koller** (S. 56, 59).

IMPRESSUM

Umschlaggestaltung von **Jeanne von Stuyvenberg/die Basis** unter Verwendung eines Farbfotos von **Anna Auerbach/Kosmos**. Alle Fotos der Umschlagklappen von **Thea Sütterlin/Kosmos**.

Mit 108 Farbfotos und 2 Farbgrafiken.

HAFTUNGSAUSSCHLUSS

Alle Angaben in diesem Buch erfolgen nach bestem Wissen und Gewissen. Sorgfalt bei der Umsetzung ist indes dennoch geboten. Der Verlag und die Autorin übernehmen keinerlei Haftung für Personen-, Sach- oder Vermögensschäden, die aus der Anwendung der vorgestellten Materialien und Methoden entstehen könnten. Auch wenn sich dieses Buch direkt an die Kinder wendet, sind die Erziehungsberechtigten ihrer Aufsichtspflicht nicht enthoben.

Unser gesamtes Programm finden Sie unter **kosmos.de.**
Über Neuigkeiten informieren Sie regelmäßig unsere
Newsletter, einfach anmelden unter **kosmos.de/newsletter.**

Gedruckt auf chlorfrei gebleichtem Papier

Pfizerstraße 5 - 7, 70184 Stuttgart
kosmos.de/servicecenter

ISBN 978-3-440-17235-3
REDAKTION Katja Pauls
GESTALTUNGSKONZEPT eyecon brand design, Bielefeld
GESTALTUNG UND SATZ Atelier Krohmer, Dettingen/Erms
PRODUKTION Claudia Frank
DRUCK UND BINDUNG FIRMENGRUPPE APPL, aprinta druck, Wemding
Printed in Germany / Imprimé en Allemagne

FSC www.fsc.org MIX Papier | Fördert gute Waldnutzung FSC® C004592

92 GESUNDHEIT, PFLEGE UND ERNÄHRUNG

95 Der Bewegungsapparat
96 Das Gebiss
98 Fütterung und Verdauung
101 Die Sinne des Hundes
104 Fortpflanzung und Kastration
108 Fell- und Ohrenpflege
110 Parasiten
114 Infektionskrankheiten
116 Hundesenioren

118 HUND UND ÖFFENTLICHKEIT

120 Rücksicht auf Andere
124 Versicherung und Gesetze
126 Übersicht der Hundegesetze

139 FRAGENKATALOG

160 SERVICE

162 Zum Weiterlesen
163 Nützliche Adressen
163 Die Autorinnen
164 Register
167 Impressum

LERNEN, WISSEN, ÜBEN – LEBEN MIT HUNDEN

Sozialverträgliche Hunde und verantwortungsbewusste Hundefreunde, das ist eine ganz tolle Kombination, die unsere Gesellschaft auf eine einzigartige Art und Weise bereichert. Glücklicherweise ist diese Kombination keine Seltenheit. Aber es gilt auch: Sie ist keine Selbstverständlichkeit. Wie können wir Hunde und Menschen Lebens- und Entwicklungsbedingungen bieten, die sie in Harmonie miteinander vereinen, und wie können wir Fehlentwicklungen vermeiden?
Verschiedenste Komponenten mögen eine Rolle spielen. Sorgfältig züchtende Vereine, die die richtigen Prioritäten setzen; tatkräftige Tierschutzorganisationen, die Notlagen entschärfen; kompetente Berater, die unerfahrenen Haltern zur Seite stehen, und kluge Politiker, die skrupellosen Hundehändlern die Rote Karte zeigen.

Gut erzogene Hunde sind eine Freude.

Die hier vorgelegte Buchveröffentlichung gehört zu den Materialien, die Hundehaltern gleichzeitig jede Menge Anregungen übermitteln. Sie ist insofern erfolgsorientiert, als sie ganz klar auf eine erfolgreiche Qualifikation von Hundehaltern, speziell auch Neulingen, und einen Erwerb von Sachkunde hinarbeitet.
Und wenn hier von Erfolg die Rede ist, dann möchte ich ganz kurz reflektieren, wie der Weg zum Fortschritt am besten zu ebnen ist: Hätte ich ein Motto für Erfolg versprechende Bildungsmaßnahmen im Hundewesen zu formulieren, so würde es lauten:

— Lernen ohne erhobenen Zeigefinger
— Wissen mit Praxisbezug
— Üben in angenehmer Atmosphäre

Ich wünsche Ihnen dementsprechend viel Spaß bei der Beschäftigung mit dem Verhalten und der Kommunikation von Hunden, Pflegemaßnahmen, Erziehungsmethoden und allen weiteren Inhalten. Unabhängig davon, ob dies Ihr Einstieg in das Leben mit Hunden ist, oder ob Sie sich die einzelnen Kapitel mit einem Mehr an Vorerfahrung zu Gemüte führen, eine positive Einstellung zu Hunden und eine gleichermaßen positive Einstellung lebenslangem Lernen im Bereich der Kynologie gegenüber mögen Sie begleiten und sich auf Ihre Mitmenschen übertragen. Hundehaltung mit Begeisterung, dazu gehört nicht zuletzt auch Kompetenz.

Prof. Dr. Peter Friedrich
Präsident des Verbandes für das Deutsche Hundewesen (VDH)

„Es ist wohl kaum zu bezweifeln, dass die Liebe zum Menschen beim Hund zu einem Instinkt geworden ist." (Darwin)

SPURENSUCHE IM TORF

VON DER STEINZEIT BIS HEUTE

Verblüffend, dass alle Hunde vom Wolf abstammen. Doch auch die kleinsten und die größten Vertreter der weltweit über 350 anerkannten Rassen und Mischlinge gehen auf den gemeinsamen Urvater zurück.

STEINZEIT-FUNDE

Tief hinein in lockere Torfschichten oder in Permafrostböden führt die Suche nach den ältesten Spuren des Haushundes. Gut, dass moorige Pflanzen und Frost ebenso wirksam konservieren, wie einst ägyptische Balsamierer. Denn so stoßen Archäologen immer wieder auf spektakuläre Funde wie den Pfahlbautenspitz, der 1861 in der Nähe steinzeitlicher Pfahlbautensiedlungen in der heutigen Schweiz gefunden wurde, oder den Welpen, der 2018 nach 18 000 Jahren noch äußerst gut erhalten aus dem sibirischen Permafrostboden in der Region Jakutien geborgen wurde. Ob es sich dabei um einen Wolfswelpen handelt oder um einen Hund, wird noch erforscht. Forscher gehen derzeit davon aus, dass die Domestikation des Hundes vor rund 15 000 – 40 000 Jahren begann. Ein abenteuerlicher Auftakt zu einem außergewöhnlichen Miteinander.

DIE ANTIKE

Mit dem Beginn der Antike vereinfacht sich die Spurensuche. Und die Gewissheit, dass Hunde geschätzt werden. Als treue Jagdgefährten sorgen sie für gut gefüllte Speisekammern. Als aufmerksame Wächter halten sie unerwünschte Gäste von Haus und Hof fern. Einige von ihnen ziehen sogar mit ihren Herren in den Krieg und lassen dort nur allzu oft selbst ihr Leben. Obwohl der praktische Nutzen des Hundes in der Antike

Mit prächtigen Schmuckhalsbändern wurde die Wertschätzung gegenüber den Hunden ausgedrückt …

… so wie diese beiden handgeschmiedeten Maßanfertigungen mit Verzierungen.

Seinen Einsatz fand der Jagdhund zuerst vor allem bei Hetzjagden. Als Sichtjäger diente er dem Menschen durch sein schnelles und lautloses Einholen der Beutetiere und sorgte an den Höfen für ein hohes Ansehen.

wohl der Hauptgrund für seine Haltung ist, gibt es auch Menschen, denen die Vierbeiner tatsächlich ans Herz wachsen. So zieht der Tod eines Hundes in Ägypten Trauerrituale nach sich. In Rom schmeicheln sich Liebende mit dem Kosenamen Catellus, der Hündchen bedeutet. Und der römische Schreiber Arian ruft sogar dazu auf, Hunde auf den Kopf zu küssen und über Nacht mit ins Bett zu nehmen.

DAS „DUNKLE" MITTELALTER

Im Mittelalter hätten solche Zuneigungsbekundungen den hundebegeisterten Römer wohl den Kopf gekostet. Denn nach dem Rückzug der Römer aus Mitteleuropa geht es bergab mit der Beliebtheit des Haushundes. Streunende Rudel ziehen durch die Gassen, fressen Aas, verbreiten Krankheiten und bedrohen durchaus auch Menschen. Die Kirche heizt die Abscheu gegenüber Hunden an, indem sie die Seelenlosigkeit der Tiere propagiert. Das Wort Hund gilt als gängiges Schimpfwort. Der Dominikaner und Theologe Thomas von Aquin lehrt, dass Hunde wertlos seien. Wie fast alle Kleriker, außer dem Franziskaner Franz von Assisi, der dazu aufruft, Tiere zu achten und zu schützen. Doch viel Gehör findet er nicht. So gilt das „Hundetragen" als übelste Schmach, wenn es darum geht, einen Ritter für unehrenhaftes Verhalten zu bestrafen. Und manchmal baumeln Hund und Straftäter gemeinsam am Strang – als Zeichen größter Demütigung.

DIE HÖFE EUROPAS

Die Ehrenrettung des Haushundes erfolgt schließlich an den Höfen Europas. Dort begleiten Hunde ihre Herren zur Jagd und dienen hübschen Damen als Schoßhunde zum Zeitvertreib. Dadurch erlangen sie Salonfähigkeit, was sich sogar in der Erzählung „Tristan und Isolde" niederschlägt. Darin schenkt Tristan seiner Geliebten einen Schoßhund als Zeichen seiner Treue. Dass dieser später zu Gunsten eines schneidigen Jagdhundes auf der Strecke bleibt, steht auf einem anderen Blatt.

Schoßhunde galten als Statussymbole des Adels.

Blanc du Roi – ein weißer Königshund

BAROCK UND ROKOKO

Also hat er es geschafft, der Haushund? Nicht ganz. Denn die Neuzeit wartet erneut mit Widrigkeiten auf. Der Mensch versteht sich zunehmend als denkendes Wesen und Krone der Schöpfung. Tiere sind minderwertig und genießen allenfalls in einer Knechtfunktion Daseinsberechtigung. Bis zur Perfektion dressiert oder unterwürfig schwänzelnd blicken Hunde demütig von den Gemälden des Barock und Rokoko.
An den Höfen sind sie dekoratives Detail zur Schau getragener Kultiviertheit.
Doch außerhalb dieser wohlsituierten Kreise schuften Hunde wie Maultiere, Esel und Pferde. Bis Mitte des 19. Jahrhunderts sind die meisten von ihnen als Hüte- oder Herdenschutzhunde, als Wächter von Haus und Hof oder als Karrenhunde im Einsatz. Schwere Wagen mit Milchkannen, Fleischerwaren oder Lumpensäcken poltern, von Hunden gezogen, durch die Straßen. Andere geschundene Kreaturen drehen in Tretmühlen endlose Runden und treiben mit ihrer Muskelkraft Maschinen an. Vielen Hunden geht es dabei so schlecht, dass den Begriffen „Hundeleben", „Hundeelend" und „Armer Hund" in dieser Zeit Flügel wachsen.

AUF DEN SPUREN DARWINS

Erst in der zweiten Hälfte des 19. Jahrhunderts kommt erneut Hoffnung für den Haushund auf. Naturwissenschaftler wie der Brite Charles Darwin tragen zu einer Sinneswandlung bei. In den industrialisierten Städten regt sich Sehnsucht nach der Natur und mit ihr auch nach dem Haushund. Der deutsche Philosoph Arthur Schopenhauer prescht voran und bricht Tabus, als er mit seinem schwarzen Pudel Butz regelmäßig in ein Restaurant einkehrt. Gleichzeitig entstehen die ersten Tierschutzvereine und nehmen sich den dahinvegetierenden Karrenhunden an. Bald schon sind Liegedecken und Wassernäpfe ebenso Pflicht wie das Ausschirren der Hunde während der kurzen Arbeitspausen.

Zu Ehren von besonders geliebten Hunden wurden teure Gemälde angefertigt, wie hier des Königs Hunde.

Später kommt noch ein Erlaubnisschein für Ziehhunde hinzu, der von der in Berlin bereits 1812 eingeführten Hundesteuer befreit, bis die Schinderei 1935 schließlich gänzlich zum Verbot kommt. Dies ist ein weiterer Schritt hin zum respektvolleren Miteinander, zu dem auch der vermehrte Einsatz von Vierbeinern als Rettungs-, Polizei- und Blindenführhund beiträgt.

ENTSTEHUNG DES HUNDEWESENS

Zeitgleich professionalisiert sich das Hundewesen. Den Start machen die Engländer 1873 mit der Gründung des Kennel Clubs. Hundeausstellungen und von Vereinen betreute Zuchten gibt es jedoch schon länger: Zum Beispiel die erste deutsche Hundeausstellung in Hamburg im Jahr 1863. Oder die Gründung des Hannoverschen Jagdvereins. Die Gründung der Delegierten-Commision im Jahr 1879 ist der zweite große Meilenstein auf dem Weg zum durchstrukturierten Hundewesen. Sie führt ein Jahr später zum gemeinsamen Stammbuch aller Rassen, verführt andere aber auch zum Nachahmen. Baron von Gingins, selbst im Griffonklub aktiv, und Barsoi-Liebhaber Ernst von Otto ordnen die Vielzahl selbstständig agierender Zusammenschlüsse, indem sie 1906 in Frankfurt am Main das „Kartell der stammbuchführenden Spezialclubs für Jagd- und Nutzhunde" gründen. Hieraus entsteht später der Verband für das Deutsche Hundewesen (VDH). Seine Aufgaben sind klar definiert: Interessenvertretung aller Hundehalter und Förderung der Zucht von gesunden und verhaltenssicheren Rassehunden

VERBAND FÜR DAS DEUTSCHE HUNDEWESEN

Der VDH ist Mitglied der 1911 gegründeten Fédération Cynologique Internationale (FCI), die sich international für Hunde und die Rassehundezucht stark macht.

sowie die Erziehung, Ausbildung und Beschäftigung mit Hunden. Hier finden Welpeninteressenten Ansprechpartner für verschiedenste Hunderassen, bekommen Hilfestellungen bei Fragen rund um Aufzucht, Haltung und Erziehung und treffen bundesweit Gleichgesinnte.

DAS 20. JAHRHUNDERT

Während sich das Hundewesen organisiert, schliddert der Haushund ins nächste Geschehen: Der Erste Weltkrieg bringt Vierbeiner an die Front, wo sie zu Tausenden sterben. In Jena öffnet ein Lazarett für Kriegshunde. In Oldenburg operieren Tierärzte Sanitätshunde mit Hundebesteck. Kontrastprogramm: In den USA begeistern Filmhunde aus Hollywood die Massen. Allen voran die bellenden Partner des legendären Charlie Chaplin. Nach dem Ersten Weltkrieg trumpft die deutsche Filmindustrie mit vierbeinigen Stars auf. Nicht nur Heinz Rühmann, der Rauhaarteckel hält, profitiert vom bellenden Sympathieträger. Hinzu gesellt sich die Mär vom gebildeten und philosophisch veranlagten Hund – Lieblingsobjekt der aufkeimenden Tierpsychologie. Angeblich ist er literarisch versiert, kommuniziert über Klopfzeichen und rechnet präzise wie ein Mathematik-Professor. „Rolf von Mannheim“ macht diesbezüglich Furore, weil er angeblich schreibt, rechnet, dichtet, philosophiert und orakelt. Parallelen zum „Klugen Hans“, einem angeblich rechnenden Pferd, sind unübersehbar. Das Geheimnis der Wundertiere liegt wohl in den feinen körpersprachlichen Signalen ihrer Ausbilder begründet.

1943 kam der erste Lassie-Film mit der 14-jährigen Elizabeth Taylor in die Kinos.

WELTKRIEG UND NACHKRIEGSZEIT

Als der Zweite Weltkrieg naht, wiederholt sich – neben der unfassbaren menschlichen Tragödie – das Hundedesaster. Wieder sieht sich der Haushund im gnadenlosen Kriegseinsatz. Außerdem dient er üblen Propagandazwecken. Doch trotz allem überdauert das innige Miteinander von Mensch und Hund hinter den Kriegskulissen diese schreckliche Zeit. Was dann auch einige Prominente beweisen: Konrad Adenauer, der erste Bundeskanzler der Bundesrepublik Deutschland, zeigt sich gerne mit seinem Rottweiler. Politiker Willy Brandt schätzt seinen Hund Basti. Der deutsche Humorist Loriot, alias Bernhard-Victor Christoph Carl von Bülow, glorifiziert den Mops und sieht ganz viel Menschliches in ihm. Das geht auch den Fans berühmter Filmhunde wie Lassie oder Comicstars wie Tims pfiffigem Struppi so. Hunde sind etwas ganz Besonderes. Freunde zum Liebhaben. Und sie stecken voller Ideen. Der Haushund staunt vermutlich selbst über das Bild vom vierbeinigen Tausendsassa, der Gefahren kilometerweit wittert, Menschen tollkühn aus heiklen Situationen rettet und sich notfalls wochenlang allein durch die Wildnis schlägt. Doch irgendwie steckt ja tatsächlich etwas von alledem in jedem Hund. Denn an Vielseitigkeit sind Hunde wohl nur schwer zu übertreffen. Und das ist heute offensichtlicher als je zuvor.

SELEKTION AUF VERSCHIEDENE VERWENDUNGSZWECKE

Sei es der Einsatz auf dem Bauernhof, als Treib-, Hüte- oder Koppelhund, bei der Wanderschäferei oder als Herdenschutzhund: Im 20. Jahrhundert wird weiterhin gezielt auf die rassespezifischen Verwendungszwecke der Hunde hin selektiert.
Bei den Jagdhunden erfolgt die Differenzierung von Laufhunden, Bracken, Spaniels, Erdhunden, Retrievern, Wasserhunden und Allroundern. Es gibt Gesellschaftshunde und die imposanten Mastiffrassen.
Eine Selektion, die sich bis heute auswirkt und in den Genen der Hunde verankert ist, nicht nur optisch, sondern auch im Temperament und im Wesen. Grund genug ist, sich eingehend über die Herkunft einer Hunderasse und ihre rassespezifische Eignung zu informieren, bevor man sich für ein Leben mit diesem Vierbeiner entscheidet.

DAS 21. JAHRHUNDERT

Hunde sind jetzt vor allem Familienmitglieder und Freizeitpartner. Sie mischen mit Feuereifer bei verschiedensten sportlichen Aktivitäten mit. Über 350 verschiedene Rassen bieten das passende Profil für jeden Lebensstil. Ob Hütearbeit, Obedience, jagdliche Führung, Agility, Schlittenhunde-, Wasser- oder Fährtenarbeit, Rennen, Coursing oder einfach vollwertiges Familienmitglied ... Für jede Rolle bietet die facettenreiche Welt der Hunde die richtige Besetzung.
Auch in sozialen Bereichen sind Hunde unterwegs: Sie überzeugen als Assistenzhunde, leisten Großes im Rettungswesen, spüren Illegales an Flughäfen und Grenzübergängen auf, führen Menschen mit Sehbehinderung sicher durchs Leben und unterstützen die Polizei bei der Suche nach Vermissten.
Nicht zuletzt sind Hunde heute ein beeindruckender Wirtschaftsfaktor. Ein Bereich, in dem jährlich Hunderte Millionen Euro umgesetzt werden. Angefangen mit Futtermitteln, Snacks und Nahrungszusätzen, über Halsbänder, Leinen, Hundebetten, Pflege- und Reiseequipment bis hin zu spezieller Ausrüstung. Die laufenden Kosten schrecken keinen Hundefreund ab. Laut Industrieverband Heimtierbedarf (IVH) leben in 18 Prozent aller deutschen Haushalte Hunde: insgesamt über 9,2 Millionen. Was für eine respekteinflößende Karriere vollzog sich hier, seitdem damals, vor über 15 000 Jahren, die Domestikationsgeschichte zwischen Mensch und Hund begann.

WIR WOLLEN EINEN HUND

ZEITBEDARF UND FINANZIELLER AUFWAND

Hunde kosten Zeit und Geld. Und doch wollen Millionen von Menschen nicht auf sie verzichten. Sie entscheiden sich ganz bewusst für ein Leben mit Hund. Dies will gut durchdacht sein.

ZEITBEDARF

Die Entscheidung ist schon gefallen. In Zukunft soll ein Hund das Familienleben bereichern. Und das wird er. Allerdings wird er das Leben vielleicht auch ganz schön auf den Kopf stellen. Denn Hunde haben Ansprüche und ein harmonisches Miteinander ist nur dann möglich, wenn sich alle auf das neue Familienmitglied einstellen.

GUT INVESTIERT

Wer sich für seinen Welpen Zeit nimmt und ihn mit den Regeln des Alltags vertraut macht, spart sich später viel Ärger und Mühe. Denn schlechtes Benehmen beim erwachsenen Hund lässt sich nur noch mit hohem Zeitaufwand in gute Manieren umwandeln.

Zeitmanagement ist hierbei der erste wichtige Punkt. Hunde passen sich dem Lebensrhythmus ihrer Familie zwar weitgehend an, aber dennoch kosten sie Extrazeit. Wie hoch dieser Aufwand ist, hängt von vielen Faktoren ab. Ein kleiner Gesellschaftshund, der mit zwei Spaziergängen täglich auskommt, benötigt weniger Zeit als zum Beispiel ein Treib- oder Hütehund, der körperlich und geistig ausgelastet sein muss. Ein langhaariger Hund mit feinem Haarkleid bedarf intensiverer Pflege als ein kurzhaariger Vierbeiner, der sich nach dem Schlammbad schüttelt und dann salonfähig ist. Jagdhunde sollten ihre speziellen Anlagen ausleben dürfen, entweder bei der Jagd oder bei einer alternativen Beschäftigung wie Dummy-, Fährten- oder Wasserarbeit. Auch das ist zeitaufwendig. Welpen oder Junghunde beanspruchen mehr Zeit als ein Hundesenior, weil sie voller verrückter Ideen stecken, alles ausprobieren

Hunde sind soziale Lebewesen mit Bedürfnissen nach Bewegung, Sozialkontakten zu Mensch und Artgenossen.

wollen und im ersten Lebensjahr ganz viel lernen müssen. Welpenspielstunden, Hundeschulenbesuche und das Basistraining im Alltag schlagen im Zeitplan zu Buche.

NICHT GERN ALLEIN

Was unabhängig von Rasse, Alter, der Veranlagung und dem Trainingszustand den Zeitplan bestimmt, sind: die Fütterung, das tägliche Miteinander, Tierarztbesuche und die Wartung des Equipments. Insbesondere junge Hunde brauchen die Nähe zum Menschen und kein Hund sollte länger als fünf Stunden täglich alleine bleiben. Wobei auch das schon ein Limit ist, das eine schrittweise Gewöhnung erfordert. Wer berufstätig ist, sollte sich vor dem Kauf des Hundes nach einer Hundetagesstätte oder einem zuverlässigen Dogsitter umsehen. Vielleicht ist dann auch ein älterer Hund aus dem Tierheim eine Alternative zum betreuungsintensiven Junghund. Bei einer unerwarteten Veränderung der Lebenssituation ist mitunter ein schnelles Umdenken erforderlich. Dennoch sollte man sich gerade dann ausreichend Zeit nehmen, um für den Hund eine dauerhafte Lösung zu finden. Halbherzige Kompromisse, die womöglich zu einem unguten Gefühl und einem unzufriedenen Hund führen, sind hier keine gute Lösung.

KOSTEN FÜR EINEN HUND

Außer Zeit kostet ein Hund auch Geld. Und das nicht zu knapp. Das beginnt mit dem Kauf des Welpen und der dazugehörigen Grundausstattung – wobei nicht alles, was auf dem Markt angeboten wird, auch sinnvoll ist und sein muss. Darauf folgen Futtermittel, Impfungen, Entwurmungen und

Die Auswahl an Hundezubehör ist riesig.

sonstige Routineuntersuchungen beim Tierarzt – eventuell fallen auch Behandlungskosten für Verletzungen, Krankheiten oder Altersbeschwerden an, die im Laufe eines Hundelebens auftreten können.
Futter- und Wassernäpfe, Hundedecken, Halsbänder und Leinen, eine Haftpflichtversicherung, Schutzgitter, Sicherheitsgurte, oder eine Box fürs Auto, Pflegemittel, Beleuchtung für den Spaziergang in der Dämmerung und Kotbeutel runden die Minimalanforderungen an den Geldbeutel ab. Zudem locken viele weitere Versuchungen. In der Tabelle haben wir für Sie die durchschnittlichen Kosten zusammengestellt. Wie stark der Geldbeutel belastet wird, liegt auch in den Händen des Halters. Eine Krankenversicherung für Hunde kann durchaus sinnvoll sein, um nicht plötzlich mit hohen Kosten konfrontiert zu werden.

☞ WAS KOSTET EIN HUND?

Kaufpreis Welpe	600 bis 1.800 Euro
Futter – pro Monat (* z.B. für Allergiker, große Rasse)	25 bis 50 Euro (* oder mehr)
Zwei Näpfe	15 bis 60 Euro
Hundebett	30 bis 150 Euro
Leine und Halsband / Brustgeschirr	30 bis 100 Euro
Entwurmung, Anti-Zecken/Floh-Mittel	40 bis 150 Euro
Impfung – pro Jahr	35 bis 60 Euro
Hundesteuer – pro Jahr (Ersthund) **(Hundesteuer Listenhund**	25 bis 180 Euro bis 700 Euro)
Haftpflichtversicherung – pro Jahr	60 bis ca. 120 Euro
Tierkrankenversicherung – pro Monat	40 Euro
Transportbox (Auto)	30 bis 500 Euro

PARTNERWAHL

Ob das Herz für einen Rassehund oder einen Mischling schlägt, ist eine individuelle Entscheidung. In erster Linie sollte der Hund aufgrund seiner Eigenschaften und seiner Veranlagung ins neue Umfeld passen.

RASSEHUND ODER MIX?

Die Voraussetzungen für einen Hund stimmen? Dann los und den passenden Hund gesucht. Und schon ist die nächste knifflige Aufgabe zu lösen. Soll es ein Rassehund oder ein Mischling sein? Eines vorab: Mischlinge sind nicht generell gesünder als Rassehunde. Dieser Irrglaube ist längst widerlegt. Wenn bestimmte Eigenschaften und Wesensmerkmale wichtig sind, kommt eher ein Rassehund in Frage. Seriöse Züchter achten bei der Auswahl ihrer Zuchthunde auf rassetypische Merkmale und pflegen sie. Auch wenn jeder Welpe ein Individuum ist, zeigt er in der Regel Eigenschaften, die typisch für seine Rasse sind. Ein Mischling trägt die Erbanlagen mindestens zwei verschiedener Rassen in sich, oft sind die Gene aber noch weitaus bunter gemischt. Bei ihm fließen Eigenschaften und Wesenszüge vieler verschiedener Hunde zusammen. Das kann ein ausgeprägter Jagdtrieb oder Wachinstinkt sein. Vielleicht auch ein enormer Bewegungsbedarf. Welche Eigenschaften sich schließlich herauskristallisieren, bleibt vorerst eine Überraschung. Mit etwas Glück entwickelt sich ein Mix zu einem unkomplizierten Familienmitglied und schenkt viele Jahre Freude. Es gibt zahlreiche Mixe, die alle Anforderungen erfüllen, die man an einen fröhlichen, liebenswerten und unkomplizierten Hund stellt. Das muss aber überhaupt nicht immer so sein. Treffen ungünstige Anlagen im Gen-Mix des Mischlings zusammen, steht die harmonische Zukunft auf wackeligen Beinen. Was für einen Ausbildungsprofi vielleicht eine spannende Herausforderung ist, überfordert die meisten Hundehalter jedoch schnell. Immerhin kostet ein aufmüpfiger Vierbeiner, der einfach seinen eigenen Weg geht, sehr viel Zeit und Nerven. Und noch mehr Geld, wenn für seine Erziehung letztendlich ein Spezialist ran muss.

In Mischlingen stecken die Eigenschaften verschiedener Rassen.

Ein Hund aus zweiter Hand kann ein toller Kumpel werden.

Terrier zeigen oft ein ausgeprägtes Jagdverhalten.

HUNDE MIT VORGESCHICHTE

Die Übernahme eines erwachsenen oder gar alten Hundes stellt spezielle Anforderungen an den neuen Besitzer. Was durchaus schön, manchmal aber auch abenteuerlich verläuft. Je älter ein Hund ist, desto mehr Vorgeschichte gibt es: gute Erfahrungen und vielleicht auch schlechte. Auf beides muss sich der neue Besitzer einstellen.

Vor der Übernahme eines erwachsenen Hundes sollte also folgendes bedacht werden: Wo ist er aufgewachsen? Was hat er erlebt? Gab es Probleme? Solange es Antworten auf diese Fragen gibt, ist in etwa abschätzbar, ob die Herausforderung zu bewältigen ist. Taucht der Hund hingegen aus einer völlig unbekannten Vergangenheit auf, ist sein Anforderungsprofil unkalkulierbar. Eine schlechte Aufzucht, häufige Besitzerwechsel, schlechte Behandlung bis hin zur Misshandlung hinterlassen oft Spuren. Angst, Aggression und Unberechenbarkeit sind mögliche Folgen. Oft kostet es Monate oder sogar Jahre, um das Vertrauen des Hundes gegenüber Menschen und der Umwelt aufzubauen und zu festigen. Manchmal ist das ein Full-Time-Job ohne Erfolgsgarantie. Wichtig zu wissen: Angst ist eine Emotion. Aggression hingegen eine mögliche Verhaltensstrategie, wenn sich Hunde mit Unsicherheit oder Konfrontation auseinandersetzen müssen. Hunde, die in Tierheimen abgegeben werden, haben eine Vorgeschichte. Auffälliges Verhalten ist ein weit verbreiteter Grund für die Abgabe. Darüber sollte man nachdenken, bevor man diese Aufgabe übernimmt.

Ein unproblematischer älterer Hund bietet gegenüber einem Welpen allerdings auch Vorteile. Dann, wenn sein neuer Besitzer einen ausgeglichenen, erfahrenen Begleiter wünscht. Ein unternehmungslustiger Junghund hält seine Familie schließlich auch ganz schön auf Trab. Er beansprucht viel Zeit, wenn Sozialisation und Erziehung ernst genommen werden. Ein erwachsener Hund, der aus einem hundegerechten Umfeld

Der Berner Sennehund ist heute ein beliebter Familienhund. Ursprünglich trieb er das Vieh.

stammt, gewöhnt sich in der Regel innerhalb weniger Wochen an Veränderungen. Und mit der Zeit verbindet ihn und seinen neuen Besitzer auch eine vertrauensvolle Beziehung mit neuen Herausforderungen.

DER PASST ZU UNS

Die gute Nachricht vorab: Es gibt den passenden Hund für jeden Lebensstil. Die Aufgabe besteht darin, ihn zu finden. Und dabei sollte keinesfalls nur das Äußere des Hundes den Ausschlag geben. Die Optik ist das Hauptkriterium spontaner Entscheidungen und somit oft ein schlechter Berater. Viel wichtiger sind jedoch die Eigenschaften des Hundes. Orientierungshilfe bietet die Gruppeneinteilung der Fédération Cynologique Internationale (FCI), dem internationalen Dachverband der nationalen Hundeverbände. Sie unterteilt die insgesamt über 350 verschiedenen Hunderassen entsprechend ihres speziellen Haupteinsatzgebietes.

FCI-GRUPPENEINTEILUNG

FCI-GRUPPE 1	Hüte- und Treibhunde
FCI-GRUPPE 2	Pinscher, Schnauzer, Molosser, Schweizer Sennenhunde
FCI-GRUPPE 3	Terrier
FCI-GRUPPE 4	Dachshunde
FCI-GRUPPE 5	Spitze und Hunde vom Urtyp
FCI-GRUPPE 6	Laufhunde, Schweißhunde und verwandte Rassen
FCI-GRUPPE 7	Vorstehhunde
FCI-GRUPPE 8	Apportier-, Stöber- und Wasserhunde
FCI-GRUPPE 9	Gesellschafts- und Begleithunde
FCI-GRUPPE 10	Windhunde

Bei der Auswahl eines Welpen sollte man Herkunft und Aufzuchtbedingungen genau prüfen.

VORHER INFORMIEREN

Rassehundeausstellungen, die der Verband für das Deutsche Hundewesen (VDH) bundesweit ausrichtet, sind eine gute Möglichkeit, die einzelnen Rassen hautnah zu erleben. Zum einen stellen dort Züchter und Halter ihre Hunde internationalen Zuchtrichtern vor, was den Vergleich vieler verschiedener Hunde einer Rasse in kurzer Zeit und ohne viel Fahrerei ermöglicht. Zum anderen sind zahlreiche Zuchtvereine vor Ort, deren Mitglieder gerne Fragen zur jeweiligen Rasse beantworten. Der Besuch einer solchen Ausstellung ist sehr aufschlussreich. Manchmal entpuppt sich dabei die ursprünglich ins Auge gefasste Rasse als völlig untauglich für den eigenen Lebensstil und eine andere rückt in den Fokus. Auf VDH-Ausstellungen werden keine Welpen verkauft. Der sinnvolle Weg führt über den Erstkontakt zum Züchter auf der Hundeschau, über mindestens einen Besuch hin zur konkreten Kaufentscheidung. Die Anschaffung eines Hundes sollte gut überlegt sein und nie spontan zwischen Tür und Angel entschieden werden.

GUT BERATEN

Hilfreich ist es, sich nicht ausschließlich mit Züchtern, sondern mit langjährigen Besitzern der Rasse zu unterhalten. Auch ein Beratungsgespräch mit einem verhaltenstherapeutischen Tierarzt und der Besuch einer guten Hundeschule mit viel Erfahrungspotenzial sind aufschlussreich.

DIE QUAL DER WAHL

Bei der Auswahl der Rasse gibt es einige Punkte, die wichtig sind:

— Soll es ein kleiner, ein mittelgroßer oder ein großer Hund sein?
— Ist kurzes oder langes Fell gewünscht? Welche Fellpflege ist notwendig?
— Ist eine hohe Aktivität gewünscht und kann diese befriedigt werden?
— Warten spezielle Aufgaben auf den Hund? Darf er wachsam sein, soll er bei der Jagd begleiten oder ist es seine Bestimmung, ein Familienhund zu sein?

Das klingt wie ein Hund auf Bestellung, und doch ist es wichtig, sich diese Fragen zu stellen. Denn von ihnen hängt es letztendlich ab, ob die Zukunft für Hund und Halter rosig oder düster aussieht. Leider landen viele Hunde im Tierheim, weil ihre Anschaffung zuvor unüberlegt erfolgte und ihr Anforderungsprofil den Hundehalter überforderte. Immerhin zielen die Fragen auf den Lebensstil des zukünftigen Hundehalters ab und den wird er nicht für seinen Hund von Grund auf ändern wollen. So eignen sich kleine Hunde eher für eine Etagenwohnung als Riesenrassen, denen tägliches Treppensteigen nicht so gut bekommt.
Kurzhaariges Fell benötigt weitaus weniger Pflegeaufwand als langes Fell und manche Hunde sehen nur gepflegt aus, wenn man ihr Fell regelmäßig trimmt, was ebenfalls Zeit oder einen Hundefriseur erfordert.
In sportlichen Haushalten fühlen sich bewegungsfreudige Hunde wohler als gemütliche Zeitgenossen. Und wenn man einen Hund für ganz spezielle Aufgaben sucht, macht es Sinn, auch einen auszuwählen, der die entsprechenden Fähigkeiten mitbringt.
Eigenschaften von Hunden haben stets zwei Seiten. So ist ein leicht trainierbarer Hund in der Regel auch ein sensibles Wesen. Der Ein-Mann-Hund, der für seinen Menschen alles gibt, mag womöglich keinen Besuch. Meistens finden nur die positiven Eigenschaften einer Rasse Erwähnung. Denken Sie darüber nach, welche Kehrseite sich hinter den hervorgehobenen Qualitäten verbirgt.

ABGABEALTER

Das Wichtigste vorab: Ein für alle Hunde geltendes, ideales Abgabealter gibt es nicht. Aber ein Gesetz: Laut Tierschutzhundeverordnung dürfen Welpen in Deutschland erst dann von ihrer Mutter getrennt werden, wenn sie über acht Wochen alt sind. Ob das allerdings auch der optimale Zeitpunkt für

Kleinhunde werden immer beliebter.

Der Malinois wird als Diensthund und im Hundesport geführt.

Beim Züchter werden wesentliche Grundlagen für die spätere Wesensentwicklung gelegt.

den Einzug ins neue Heim ist, hängt von verschiedenen Faktoren ab. Zum einen von der Situation im Züchterhaushalt, zum anderen auch von der Erfahrung und den Lebensumständen des Welpenkäufers.

Manche Welpen gewöhnen sich in diesem Alter problemlos an ihr neues Leben, andere reagieren negativ auf die frühe Trennung von Mutter und Wurfgeschwistern. Die meisten seriösen Züchter geben Welpen erst im Alter von neun bis zwölf Wochen ab. Abhängig von der Rasse und von den Regelungen der Zuchtbuch führenden Vereine.

DIE DEVISE LAUTET „WARTEN"

Das bedeutet für den zukünftigen Hundebesitzer: Warten. Das fällt schwer – verständlich. Aber es zahlt sich aus. Der Welpe durchlebt in den ersten Lebenswochen für sein späteres Sozialverhalten wichtige Entwicklungsphasen, die Mutter und Wurfgeschwister beeinflussen. Davon profitiert der zukünftige Besitzer, weil sein Hund keine Verhaltensprobleme aufweisen wird, die einer frühen Trennung zuzuschreiben wären. Außerdem gibt es mehr Zeit für Besuche beim Züchter, die ermöglicht, den Welpen zu finden, der am besten zu einem passt.

Zu spät sollte der Umzug des Welpen nach Möglichkeit jedoch auch nicht erfolgen. Denn das könnte sich wiederum nachteilig auf den Erfahrungsschatz des Hundes auswirken. Kaum ein Züchter kann alle Welpen ausreichend sozialisieren, denn dann müsste er mit jedem Welpen alleine losziehen, um die Umwelt zu erkunden. Und das ist illusorisch, wenn die Wurfkiste voller Hundekinder ist. Wobei nichts gegen eine Übernahme mit zehn oder zwölf Wochen spricht, wenn der neue Besitzer vorher oft zum Züchter fährt und dort bereits alleine erste Ausflüge mit dem Hund unternimmt.

Wohnt er zu weit weg, ist eine frühere Übernahme sinnvoll, weil das der Sozialisation zugutekommt. Hierfür müssen sich Käufer und Züchter verständigen.

ENTWICKLUNGSPHASEN DER WELPEN

Ab der dritten Lebenswoche entwickeln Welpen eine starke Neugierde. Ab der fünften Woche entsteht die Angstkurve, die sich in der achten Lebenswoche mit der Neugierde überschneidet.

HERKUNFT DES HUNDES

Vom Züchter? Aus dem Tierheim? Aus dem Ausland? Es gibt viele Möglichkeiten, an einen Hund zu kommen und jeder zukünftige Hundehalter sollte sich genau überlegen, für welche Herkunft er sich entscheidet. Eine fachliche Beratung vor der Anschaffung hilft.

VORSICHT VOR DUMPINGPREISEN

Skepsis ist angebracht, wenn Hunde zu Dumpingpreisen oder gleich fünf, zehn oder mehr Rassen auf einmal angeboten werden. Für 250 oder 350 Euro pro Welpe kann kein seriöser Züchter die Kosten für die Aufzucht decken. Selbst für 500 Euro ist das schwer. Doch Vorsicht! Nicht immer werden Hunde aus unseriösen Quellen zu Niedrigpreisen verschleudert. Die dubiosen Geschäftemacher haben längst dazugelernt und rufen teilweise dieselben Preise auf wie verantwortungsvolle Züchter, um nicht aufzufallen. Der Online-Handel – und hier insbesondere die Plattform eBay Kleinanzeigen – entwickelt sich zunehmend zu einem zentralen Handelsplatz für unseriöse Welpen- und Hundegeschäfte. Oft sind katastrophale Aufzuchtbedingungen der in Hinterhöfen, Kellern, Ställen oder Scheunen aufwachsenden Welpen, die zu diesen Niedrigpreisen führen. Gerade in Zeiten der anonymen Internetvermarktung sind solche Lockangebote häufig erfolgreich. Es werden falsche Elterntiere gezeigt, deren angeblicher Nachwuchs jedoch immer wieder aus illegalen Importen aufgefüllt wird.

Die Welpen werden oft schon im Alter von fünf oder sechs Wochen von der Mutter getrennt, haben keine Entwurmungen und Impfungen, dafür aber gefälschte Impfausweise und fragwürdige Gesundheitszeugnisse. Manche haben ansteckende Krankheiten,

Welpen dürfen frühestens mit 8 Wochen abgegeben werden.

Ein Welpe stellt andere, jedoch nicht weniger Ansprüche …

… als ein erwachsener Hund aus dem Tierheim.

Eigenschaften der Elterntiere und erlernte Verhaltensweisen der Mutterhündin werden weitergegeben.

die in der Massenzucht kursieren. Zudem bleiben auch die frühe Sozialisation und Gewöhnung an normale Umweltreize auf der Strecke und mit ihnen die vermeintlich günstige Anschaffung des Rassehundes. Denn der kostet nicht selten schon innerhalb des ersten Lebensjahres ein Vielfaches seines Kaufpreises an Tierarztkosten. Das schmerzt, vor allem emotional, denn schließlich gewinnt man den gepeinigten Vierbeiner lieb.
Gut, dass er nun in guten Händen lebt, mag man denken und vordergründig ist das so. Tatsächlich aber unterstützt jeder Kauf eines aus unseriösem Hundehandel stammenden Hundes das skrupellose Geschäft von Vermehrern, die vom Mitleid ihrer Käufer bestens leben. Je besser der Profit mit der Billigware Hund läuft, desto häufiger werden die Hündinnen gedeckt, sind tragend oder laktierend, bis sie völlig ausgezehrt sind. Solange Tierschutzgesetze in diesem Bereich nicht effektiv greifen, ist die einzige Möglichkeit, diesem hundefeindlichen Treiben entgegenzuwirken, keinen Hund dort zu kaufen. Auch wenn es schwerfällt. Es gibt sinnvollere Möglichkeiten, etwas Gutes für Hunde zu tun, denen es schlecht geht, und die nicht aktiv für eine rege Nachproduktion sorgen.

EIN BLICK INS TIERHEIM

Wer ein gutes Werk tun will, entscheidet sich für einen Hund aus dem Tierheim oder von einer Notfallvermittlung. Aber nur dann, wenn er dieser Aufgabe auch gewachsen ist. Das bedeutet, mit eventuell auftretenden Verhaltensauffälligkeiten wie Angst, Aggression, Unsauberkeit oder einem Jagdtrieb dauerhaft umgehen zu können. Nicht alle Hunde aus Tierheimen und dem Tierschutz sind problematisch. Eine gute Vermittlung setzt Erfahrung und die objektive Einschätzung durch die Tierpfleger voraus, damit das neue Zuhause den Ansprüchen des Hundes gerecht werden kann.

VERANTWORTUNGSVOLLE ZÜCHTER

Ist ein möglichst geringes Problemrisiko gewünscht, gilt die Suche einem verantwortungsvollen Züchter. Bei der Überprüfung der Qualität ist genaues Nachfragen und ein angemeldeter Besuch völlig legitim. Ein seriöser Züchter gibt ehrlich Auskunft über seine Zuchterfahrung und öffnet ernsthaften Interessenten gerne die Tür. Und wenn dann alle Punkte der unten stehenden Checkliste mit einem Häkchen versehen sind, ist die Welpensuche vielversprechend. Dass kein Züchter eine Garantie auf seine Hunde geben kann, ist klar. Doch zumindest versucht er, gute Voraussetzungen zu schaffen. Die Eigenschaften der Eltern sollten im Hinblick auf das spätere Lebensumfeld der Welpen geprüft werden: Wie reagieren sie gegenüber Besuchern, verstehen sie sich mit fremden Artgenossen, wird viel gebellt?

ZUCHTSTÄTTE

- Die Zuchthündin macht einen gesunden und zufriedenen Eindruck.
- Die Welpen sind gesund, munter, aufgeschlossen und angstfrei.
- Die Zuchtstätte ist sauber und gepflegt.
- Die Hunde haben Familienanschluss, Auslaufmöglichkeiten und eigene Bereiche.
- Der Züchter informiert sich, ob der Interessent günstige Voraussetzungen für die Haltung eines Hundes hat.
- Die Hunde werden nachweislich geimpft und entwurmt.
- Der Züchter gehört zu einem Zuchtverband, dem Gesundheit und Wesen der Hunde wichtig sind und der die Umsetzung dieser Ziele kontrolliert.
- Der Züchter gibt bereitwillig Antwort auf alle gestellten Fragen.
- Der Züchter hat ein VDH-Gütesiegel – das Zeichen kontrollierter züchterischer Qualität.
- Es gibt einen juristisch korrekten Kaufvertrag.

RÜDE ODER HÜNDIN?

Sie will unbedingt einen Rüden. Er eine Hündin. Oder umgekehrt. Das Geschlecht des zukünftigen Hundes hat schon in vielen Familien für hitzige Diskussionen gesorgt.

LÄUFIGKEIT UND LIEBESKUMMER

Dieses Thema ist ein fruchtbarer Boden für gängige Behauptungen: Hündinnen sind anschmiegsamer, Rüden raufen, Hündinnen machen immer gleich Ernst, Rüden sind die besseren Beschützer und stehen deshalb bei Frauen hoch im Kurs. Ob diese Klischees wirklich helfen, die richtige Entscheidung zu fällen, sei dahingestellt. Sicher ist jedenfalls: Auf manche Hunde treffen sie tatsächlich zu, auf andere aber überhaupt nicht.

Was bei der Frage „Männlein oder Weiblein?" viel wichtiger ist, sind ganz praktische Überlegungen. Ist man bereit, ein- bis zweimal pro Jahr mit der Hitze der Hündin umzugehen? Sie setzt meistens zum ersten Mal zwischen dem sechsten und zwölften Lebensmonat ein. Manche Hündinnen setzen bereits Wochen vor der Läufigkeit vermehrt Urin ab. Sie markieren und sind voll und ganz darauf konzentriert, einen geeigneten Partner zu finden. Alle bekommen einen blutig-wässrigen Scheidenausfluss, der nach circa zwei Wochen blasser wird. Nach rund drei Wochen ist die Hitze vorbei.

Indirekt gibt es allerdings auch bei Rüden Hitzeprobleme. Einige Vertreter der männlichen Zunft reagieren auf die Duftmarken läufiger Hündinnen mit Ungehorsam, plötzlicher Tendenz zum Streunen, Nahrungsverweigerung oder nächtelangem, kläglichem Jammern hinter der Haustür. Auch das macht keinen Spaß. Rüden zeigen im Alltag oft sexualbezogenes Verhalten wie häufiges Urinabsetzen.

KASTRATION

Ganz sicher kommt auch einmal das Thema Kastration zur Sprache, das aufgrund einer bislang unzureichenden Studienlage keine eindeutigen Empfehlungen enthalten kann. Eines vorab: Es gibt Gründe dafür und dagegen. Sowohl medizinische Gründe als auch auf das Verhalten bezogene. Es ist sinnvoll, mit dem Tierarzt und/oder einem erfahrenen Verhaltenstherapeuten zu sprechen und sich alles, was dafür oder dagegen spricht, in einer Pro- und Kontra-Liste aufzuschreiben. Abschließend abwägen und eine persönliche Entscheidung treffen. Gründe für Kastrationen gibt es viele: Gesundheitliche Risiken und Verhaltensauffälligkeiten sind dabei sicherlich die häufigsten. Allerdings wurde die Kastration vor einigen Jahren als Allheilmittel für zahlreiche Probleme genannt, die sich jedoch oft nicht bestätigen, da viele Probleme andere Ursachen haben, die nicht allein auf die Sexualhormone zurückzuführen sind. Eine Alternative zur Kastration ist das Einsetzen eines Implantats, das von sechs Mo-

01

02

03

naten bis zu einem Jahr lang eine Kastration simuliert. Die Wirkstoffe, die unter der Haut des Hundes freigesetzt werden, sind ein „GnRH-Analog" und machen Rüden vorübergehend unfruchtbar. Die synthetisch hergestellten Imitate des Gonadotropin Releasing Hormons stammen aus der Prostatakrebstherapie beim Menschen. Der Vorteil gegenüber einer Kastration ist, dass GnRH einfach abgesetzt werden können, wenn sich z. B. herausstellt, dass das aggressive Verhalten eines Rüden doch nicht am zu hohen Testosteronspiegel lag. Nebenwirkungen können jedoch, genau wie nach einer Kastration, auftreten: Mehr Appetit, Gewichtszunahme, dünnes Fell und Harninkontinenz kommen vor, verschwinden jedoch nach dem Absetzen des Präparats. Und eine Kastration ist auch nicht ohne Risiken. Individuelle Lösungen lassen sich am besten in Absprache mit dem Tierarzt finden. (Hierzu mehr ab Seite 104.)

01 Hündinnen sind manchmal etwas kleiner und zierlicher als Rüden.

02 Meistens verstehen sich Rüde und Hündin gut miteinander. Mit Artgenossen gleichen Geschlechts kann es zu Pöbeleien kommen.

03 Urinmarkieren wird von beiden Geschlechtern gezeigt. Insbesondere unkastrierte Rüden zeigen es jedoch deutlich häufiger.

KENNZEICHNUNGSPFLICHT

Für den eigenen Besitzer ist ein Hund natürlich unverkennbar. Bei Fremden herrscht hingegen Ratlosigkeit, wenn ein herrenloser Vierbeiner ohne Kennzeichnung durch die Straßen irrt.

REGISTRIERUNG DURCH EINEN CHIP

Heute werden die meisten Hunde durch einen Mikrochip gekennzeichnet, der sich unter der Haut verbirgt und dessen Transpondernummer mithilfe eines elektronischen Lesegeräts ermittelt werden kann. Der Mikrochip ist ein inaktives Implantat und sendet nur Daten, wenn er zum Ablesen aktiviert wird. Tierärzte, Tierheime und Grenzbeamte sind mit entsprechenden Lesegeräten ausgestattet. Die Kennzeichnungspflicht durch den Chip wird in Deutschland nicht einheitlich gehandhabt. In manchen Bundesländern ist die Registrierung mit der 12-stelligen Nummer für alle Hunde, in anderen nur für bestimmte Rassen erforderlich. Für Reisen innerhalb der Europäischen Union (EU) ist ein Chip und dessen Eintragung im Europäischen Heimtierausweis vorgeschrieben.

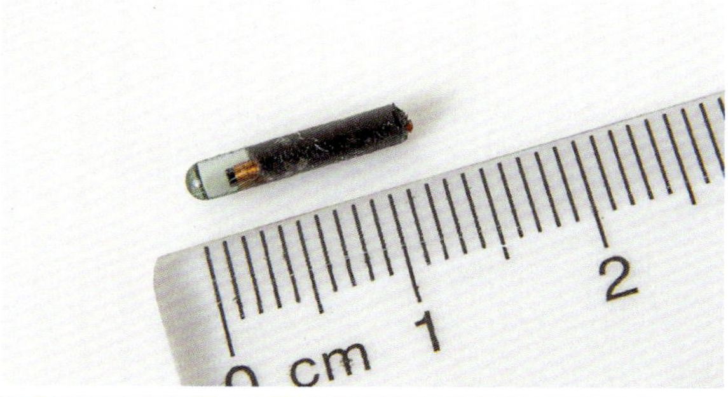

Transponder, der unter der Haut implantiert wird.

Das früher übliche Tätowieren in den Ohren ist als nicht mehr zeitgemäß aus Tierschutzgründen abzulehnen. Außerdem sind die Tätowierungen oft sehr schlecht zu entziffern. In den meisten Bundesländern wird deshalb nur noch die Transpondernummer zur Registrierung anerkannt.

IMPLANTATION

Die Implantation ist ohne Betäubung möglich und bereitet dem Hund normalerweise keine Schmerzen. Das Einsetzen ist mit einer Impfung vergleichbar. Nach dem Einsetzen sollte man das Halsband eine Stunde lang entfernen. Der kleine Eingriff ist danach vergessen. Das Setzen eines Transponders sollte jedoch nur von Tierärzten durchgeführt werden, damit eine fachgerechte Implantation gewährleistet werden kann. Der Chip liegt danach reaktionslos unter der Haut und ist oft sogar mit den Fingern zu ertasten.

HAUSTIERREGISTER

Eine Kennzeichnung ermöglicht es, einen entlaufenen Hund eindeutig seinem Besitzer zuzuordnen, vor allem dann, wenn die Nummer bei einem zentralen Haustierregister wie TASSO, Findefix oder dem Haustierregister des Deutschen Tierschutzbundes registriert ist. Da dies freiwillig geschieht, muss man den Eintrag selbst beantragen und auch bei einem Wohnungswechsel daran denken, ihn zu aktualisieren.

Entlaufen und kein Halsband mit Adresse? Der implantierte Mikrochip hilft, den Hund zu identifizieren.

VERHALTEN UND KOMMUNIKATION

DIE ENTWICKLUNGSPHASEN

Jeder Welpe durchläuft sie. Wie von Zauberhand dirigiert, optimieren sich körperliche und psychische Fähigkeiten. Das ist kein Zufall, sondern das Wunder eines genetischen Programms, das die Natur für Hunde vorgesehen hat.

NEONATALE PHASE

Die erste und zweite Lebenswoche bilden die erste Entwicklungsphase – auch neonatale Phase genannt. In dieser Zeit ist der Körper des Welpen auf das Erspüren von Wärme ausgerichtet und der Kopf pendelt bei Bewegungen leicht hin und her. Beides ist wichtig für das Überleben des schutzbedürftigen Neugeborenen. Auf der Suche nach Körperwärme bleibt er in der sicheren Wurfkiste, wo es zwischen den Geschwistern herrlich kuschelig ist. Die Pendelbewegungen des Kopfes helfen beim Finden der mit Milch gefüllten Zitzen und sind somit eine Grundvoraussetzung für das Überleben. Doch der eigentliche Wegweiser ist der Geruchssinn. Denn der ist – ebenso wie der Geschmackssinn – bereits ausgebildet. An der Gesäugeleiste der Mutterhündin wird ein Pheromon gebildet, das bereits im Fruchtwasser vorlag. Da der Nachwuchs schon in der Gebärmutter riechen kann, erkennt er diesen Duft draußen sofort wieder.

ÜBERGANGSPHASE

Die dritte Lebenswoche ist eine Übergangsphase und der zweite große Entwicklungsschritt im Leben eines Welpen. In diesen Tagen geschehen viele wunderbare Dinge: Der Welpe beginnt, auf Geräusche zu reagieren und sich umzublicken, denn er kann nun hören und sehen. Auch die Wärmeregulation funktioniert nun ohne kuschelnde Wurfgeschwister. Ein Freifahrtschein für Abenteuertouren außerhalb des mütterlichen Nests. Kot und Urin werden aus eigener Kraft abgesetzt und die Muskelkoordination

Welpen werden blind und taub geboren ...,

... können aber schon riechen und schmecken.

verbessert sich. Höchste Zeit für erste neugierige Schritte in die Umwelt. Schließlich gibt es dort viel Spannendes zu entdecken. Jetzt ist der optimale Zeitpunkt, um mit dem Stubenreinheitstraining zu beginnen. Bietet der Züchter seinen Welpen nun in kleinen Kisten natürlichen Untergrund an oder hat die Möglichkeit, sie nach draußen zu bringen, werden die Welpen später in der Regel schneller stubenrein.

Stubenreinheitstraining beginnt schon beim Züchter.

SOZIALISATIONS- UND HABITUATIONSPHASE

Um den 21. Lebenstag herum beginnt die Sozialisationsphase des Welpen, die – genau wie die beiden zuvor beschriebenen Phasen – zu den drei sensiblen Phasen der Entwicklung gehören. Bis zur 12. oder 14. Lebenswoche erstreckt sie sich und hält die Züchter und später auch den neuen Besitzer des Welpen ganz schön auf Trab. Denn in dieser Phase bildet sich die Basis für das zukünftige Verhalten des Hundes. Lernt der Welpe jetzt, in angemessenem Maß und unter sicheren Bedingungen, viel kennen, profitiert er ein Leben lang davon. Zwischen der dritten und fünften Lebenswoche sind Welpen auffallend angstfrei. Das hat nicht etwa mit dem Übermut einer unreifen Rasselbande zu tun, sondern mit der körperlichen Entwicklung. In dieser Zeit beherrscht der Bereich des Nervensystems das Stimmungsbarometer, der für Entspannung zuständig ist und die erregungsbedingte Beschleunigung des Herzschlags verhindert. Reize, die Welpen nun kennenlernen, werden auch zukünftig mit Entspannung verknüpft. Sie sind ein wichtiger Teil der Geborgenheitsgarnitur, die dafür sorgt, dass sich der Hund wohl und sicher fühlt, sobald diese Reize vorhanden sind. Hunde, die aus Hausaufzuchten stammen, empfinden häusliche Reize als beruhigend und gewöhnen sich schneller daran, alleine im Haus zu bleiben.

Lecken der eigenen Schnauze signalisiert Unterwürfigkeit.

Die Mutterhündin bringt ihren Welpen gute Manieren bei und wehrt aufdringliches Verhalten ab.

SAMMELN VON EINDRÜCKEN

Welpen sollten während der Sozialisationsphase viel lernen, allerdings sind Übertreibungen zu vermeiden. Denn sonst kommen die Hunde angesichts der nicht enden wollenden Reizflut nicht mehr zur Ruhe. Zum einen brauchen sie Ruhe- und Schlafphasen, um das Erlebte zu verarbeiten, zum anderen müssen Hunde auch das Ruhegeben lernen. Nutzen Sie die aktiven Phasen des Welpen und gehen Sie immer in kleinen Schritten vor. Zu lernen gibt es genug: Andere Hunde, fremde Menschen, unbekannte Haustiere, Autos, Autofahren, die Tierarztpraxis, Kinder, unterschiedliche Bodenbeläge, das Brummen des Staubsaugers, Radios, Fernseher, Aufzüge und viel mehr sollte nun auf dem in viele kleine Schritte unterteilten Trainingsplan stehen. Ziel des Ganzen ist ein selbstverständlicher Umgang mit unterschiedlichen Situationen und dass Hunde lernen, selbstbewusst mit der Umwelt umzugehen und den Menschen als Sozialpartner kennenzulernen. Beides sind wichtige Voraussetzungen für ein harmonisches Zusammenleben von Mensch und Hund.

ENTWICKLUNGSPHASEN

1. und 2. Lebenswoche > Neonatale Phase
3. Lebenswoche > Übergangsphase
4. bis 12./14. Lebenswoche > Sozialisierungsphase

VORSICHT VOR NEUEM

Markante Punkte dieser Entwicklungsphase sind neben dem z. T. aggressiv kommunizierten Durchsetzen gegenüber den Wurfgeschwistern, auch erste Anzeichen von Angst. Diese ist ein sinnvoller Gegenspieler des ausgeprägten Erkundungsdrangs, der mit der fünften Lebenswoche einsetzt. Sie schützt den Welpen vor Risiken und wird ihn ein Leben lang als stiller Berater begleiten. Vorsicht ist jedoch bei übertrieben ängstlichem Verhalten geboten, vor allem wenn dieses durch den Einfluss einer ängstlichen Mutterhündin oder durch reizarme Aufzucht bedingt ist.

DER GROSSE TAG

Ein Hund zieht ein und die Emotionen steigen. Doch jetzt heißt es kühlen Kopf bewahren, damit die Eingewöhnung gut verläuft.

ANKUNFT IM NEUEN HEIM

Welpen, die mitten in der Sozialisierungsphase stecken, sind ein Full-Time-Job. Vor allem dann, wenn es fünf, acht oder sogar noch mehr sind. Sie alle zu beschäftigen und optimal an ihre Umwelt zu gewöhnen, fällt schwer. Die Hundemutter reagiert nun zunehmend genervter auf den Nachwuchs. Jetzt ist es Zeit, dass der Mensch beginnt, klare Regeln aufzustellen und auf deren Einhaltung zu achten.
Dann naht auch der Zeitpunkt, die kleinen Draufgänger in ihr neues Zuhause zu entlassen, wo jeder von ihnen all die Zeit und Aufmerksamkeit erhält, die er braucht. Laut Tierschutzhundeverordnung ist der früheste Zeitpunkt der Abgabe die vollendete achte Lebenswoche. Und tatsächlich sind Welpen mit Beginn der neunten Woche oft schon reif für den Aufbruch in ein neues Leben. Die meisten Welpen ernähren sich seit der sechsten Lebenswoche auch ohne Mutters unerschöpfliche Milchbar. Die aufopfernde Zuwendung der Mutterhündin wandelt sich bis zum Beginn der neunten Lebenswoche in ein zunehmend harsches Verhalten. Die Kleinen brauchen jetzt ihre Autorität, um Grenzen zu erlernen. Und genau an diesem Punkt springt der neue Besitzer ein. Er muss nun fortsetzen, was in den ersten Wochen beim Züchter begann. In der Regel gewöhnen sich Welpen problemlos innerhalb weniger Tage an ihr neues Heim. In der Zeit der Eingewöhnung sollten nicht gleich alle Bekannten zu Besuch kommen. Hunde brauchen ein paar Tage Zeit, um sich im neuen Lebensumfeld einzufinden und das Gefühl von Geborgenheit zu empfinden.
Hier ein Überblick über die wichtigsten Dinge, die in keinem Welpenhaushalt fehlen sollten:

CHECK

— Einige Tage vor der Abholung des Welpen können Sie eine Decke oder ein Spielzeug mit zum Züchter nehmen, damit es den gewohnten Geruch annimmt. Dann gemeinsam mit dem Welpen ins neue Zuhause bringen. So hat er ein bisschen Heimatduft.
— Sicherer Rückzug: Auch eine Hundebox bietet dem Welpen Sicherheit.
— Transportbox mit Decke für die Abholung vom Züchter (vorausschauende Züchter gewöhnen ihre Welpen vorab spielerisch an den Aufenthalt in der Hundebox)
— eine Rolle Küchenpapier für mgl. Zwischenfälle
— verstellbares Halsband (am besten kostengünstiges Nylon) mit passender Leine
— Futter- und Wassernapf
— Nahrung, die der Welpe gewöhnt ist (wird oft vom Züchter gestellt)
— Hundedecke oder -bett
— Welpenspielzeug
— weiche Bürste für die Gewöhnung an Fellpflege
— ein Objekt aus dem Welpenhaushalt im neuen Heim platzieren; z. B. ein Liegekissen, das vorher beim Züchter abgegeben wurde. Der vertraute Geruch beruhigt den Welpen.

WELPENGRUPPEN

Eine Welpengruppe bietet die Möglichkeit, dem Welpen unter Anleitung kontrollierte Sozialkontakte zu ermöglichen und erste Schritte in der Hundeausbildung zu unternehmen.

In einer Welpengruppe geht es um Kontakte zu gleichaltrigen Hunden und um Erfahrungswerte, von denen Hund und Halter später jahrelang profitieren. Allerdings nur dann, wenn die Leitung der Welpengruppe in erfahrenen Händen liegt. Erkundigen Sie sich im Vorfeld, woher der Trainer sein Wissen hat. Kommerzielle Hundetrainer müssen inzwischen eine Prüfung nach § 11 des Tierschutzgesetzes absolvieren. Schauen Sie sich ruhig um, bevor Sie den Welpen haben. Eine gute Gruppe erkennen Sie an folgenden Kriterien: Ein Hundetrainer nimmt pro Gruppe maximal sechs Welpen. Er achtet darauf, dass die Welpen annähernd gleich alt sind und auch konstitutionell zueinander passen. Mobbing innerhalb der Hundegruppe lässt er nicht zu. Stattdessen legt er Wert auf ein ausgewogenes Spiel. Zwischendurch wird auch mal eine kleine Auszeit eingelegt oder spielerische Erziehungseinheiten eingebaut. Natürlich bezieht er die Besitzer der Hunde ins Training ein, weil sie in dieser Phase oft ebenso viel lernen müssen wie ihr Vierbeiner. In der Welpengruppe wird der Grundstein gelegt, sie ist ein guter Einstieg, doch Ihr Hund wird dort nicht die komplette Sozialisation und Erziehung verinnerlichen. Hunde müssen keinesfalls innerhalb der ersten 16 Lebenswochen mit allem Erdenklichen konfrontiert werden. Viel wichtiger ist das Erlernen eines guten Umgangs mit ungewohnten Situationen und Herausforderungen. Also bitte keinen falschen Ehrgeiz an den Tag legen, Ihr Hund ist noch ein Kind. Alles Weitere lernt er im täglichen Training und in weiteren Kursen.

WELPENGRUPPE

- die Welpen sind in etwa gleich alt
- jeweils ein Trainer für maximal sechs Hund-Halter-Teams
- der Trainer kann nachweisen, dass er sich regelmäßig fortbildet
- es herrscht ein freundlicher Umgangston
- der Hundehalter fühlt sich wohl
- der Kurs findet auf einem abgesicherten Gelände statt
- das Gelände bietet Abwechslung (z. B. Tunnel, wechselnde Untergründe etc.)
- der Kursleiter achtet auf ein ausgewogenes Welpenspiel
- der Hundehalter wird mit einbezogen
- der Trainer gibt Erziehungstipps
- gezielte Ausflüge runden das Angebot ab
- das Vorlegen des Impfausweises ist Pflicht

Grobes Verhalten sollte im Welpenspiel zugunsten guter Manieren unterbunden werden.

VERSCHIEDENE RASSEN

Es ist durchaus ratsam, eine Welpengruppe auszuwählen, die Hunde unterschiedlicher Rassen betreut. Auf Artgenossen der eigenen Rasse ist der Welpe sozialisiert. Jetzt muss er gleichaltrige Hunde verschiedenster Typen kennenlernen, die nicht nur anders aussehen, sondern sich auch anders verhalten, also große Hunde, kleine Hunde, lang- und kurzhaarige, mit Knautschnasen und Stehohren oder langen Nasen und Schlappohren, Ringelruten usw. Die für die aktuelle Entwicklungsphase wichtigen Erfahrungen können am besten im Spiel mit Hunden gleichen Alters gesammelt werden. Fehlen sie, können später Verhaltensprobleme auftreten.

Erwachsene Hunde haben übrigens nichts in einer Welpenspielgruppe verloren. Eine Einbindung ist weder fair für sie, noch für die Kleinen. Denn irgendwann ist der ausgewachsene Hund so genervt von der unermüdlichen Rasselbande, dass die Gefahr einer Abwehrreaktion wächst. Im schlimmsten Fall wird ein Welpe, der diese Verhaltensstrategie noch gar nicht verstehen kann, zum Ventil der Frustration.

Auch die Gewöhnung an andere Haustiere ist sinnvoll.

Dennoch sollte Ihr Welpen auch Kontakte mit souveränen, gut sozialisierten erwachsenen Hunden haben. Denn ähnlich wie bei Kindern muss er auch lernen, den erwachsenen Hunden gegenüber sich höflich und respektvoll zu verhalten.

DIE ÖRTLICHKEIT

Abgesehen von der gut durchdachten Zusammensetzung der Gruppe ist der Ort wichtig, an dem die Welpen spielen dürfen. Das „Klassenzimmer“ der Welpen ist im Idealfall ein abgesicherter Bereich, der Umweltreize und Herausforderungen bietet. Variierende Untergründe, ein Slalompfad aus aufgehängten, klappernden Blechdosen, ein Agility-Tunnel, raschelnde Flatterbänder, Knisterfolien ... – je einfallsreicher der Trainingsparcours, umso mehr lernen die Welpen. Diese Reize sollten wohl dosiert angeboten werden, um eine Überforderung der Welpen zu vermeiden.

Manchmal verlässt die Welpengruppe auch die gewohnte Umgebung, um gezielt an Situationen wie den Besuch eines Einkaufszentrums oder den Straßenverkehr gewöhnt zu werden. Auch der Erstkontakt zu Kühen, Pferden, Schafen und anderen Tieren lässt sich bei gemeinsamen Ausflügen der Welpengruppe meistern. Um eine gute Welpengruppe zu finden empfiehlt es sich, vor der Anmeldung ohne Hund vorbeizufahren und sich alles anzusehen.

MYTHOS IMPFUNG

Es ist nicht richtig, dass Welpen aufgrund des Impfschutzes erst ab der zwölften Woche eine Welpengruppe besuchen können. Moderne Impfstoffe ermöglichen, dass sie nach der Übernahme durch den neuen Besitzer hinaus dürfen. Jedoch haben ungeimpfte Welpen in einer Welpengruppe nichts verloren. Auch sollten Krankheiten wie Husten und Durchfall zuvor auskuriert werden.

Unterschiedliche Rassen sollten teilnehmen.

Erfahrungen mit besonderen Untergründen sammeln.

Erste Übungen wie „Sitz „und „Platz“ lernen, ...

... und sich überall anfassen lassen.

Im Spiel sollten alle Beteiligten Spaß haben und die Rollen zwischen offensiv und defensiv wechseln.

BEISSHEMMUNG

Menschen sind keine Kauspielzeuge und deshalb ist herzhaftes Hineinzwicken oder gar Beißen tabu. Die Beißhemmung muss erst erlernt werden, sie ist nicht angeboren.

Der Zoologe Konrad Lorenz befasste sich bereits Mitte des letzten Jahrhunderts mit der Beißhemmung des Hundes und anderer Tierarten und viele weitere Vertreter der klassisch vergleichenden Verhaltensforschung folgten seinem Beispiel. Heute bewegt weniger die Tatsache, dass überlegene Artgenossen auf Demutsgesten eines Unterlegenen mit Schonung reagieren können, sondern vielmehr die gezielte Kontrolle der Kraft, mit der ein Hund zubeißt. Ohne Beißhemmung wäre jedes Spiel ein brandgefährlicher Akt und der tägliche Umgang mit dem Hund für die ganze Familie ein unkalkulierbares Risiko. Doch woher weiß ein Hund, wo die Grenze zwischen Spiel und Ernst ist?

ÜBUNG IM WELPENSPIEL

Bei seiner Geburt weiß er es noch nicht. Denn die Beißhemmung entsteht durch einen Lernprozess. Der beginnt beim Spiel der Welpen untereinander. Die Welpen balgen sich spielerisch, beißt einer dabei zu fest zu, erfolgt das laute Quietschen des anderen: Entweder spielt der Gebissene nicht mehr mit oder dessen nadelspitze Zähne bohren sich nun wiederum in das Fell des Beißenden. Auf diese Weise lernen Welpen, dass es besser ist, sofort loszulassen, sobald ein Quietschen ertönt bzw. dosieren die Kraft, mit der sie zubeißen. So lernen die Hundekinder, sanft miteinander umzugehen.

SPIEL MIT DEM MENSCH

Die Beißhemmung gegenüber Menschen ist ebenfalls erlernt. Und deshalb ist es so wichtig, dem Welpen von Anfang an klare Grenzen aufzuzeigen. Festes Zubeißen ist nicht erlaubt, in keiner Situation, auch wenn ein wenige Wochen alter Hund nicht bedrohlich wirkt. Es gibt verschiedene Wege, die Beißhemmung zu festigen. Was meist aus-

Ist ein Welpe mit seinen nadelspitzen Zähne zu grob, spielen die anderen nicht mehr mit.

reicht ist, das Verhalten der Wurfgeschwister nachzuahmen. Mit einem empörten „Auu" bricht man das Spiel ab. Die Trainingssituation lässt sich übrigens inszenieren, indem der Hundehalter mit seinem Welpen ein Spiel beginnt und dabei die Erregung gezielt steigert, bis der Hund gröber wird. Dann wird alles mit einem Aufschrei beendet und das Spiel sofort abgebrochen. Nimmt sich der Welpe zurück, kann man wieder weiterspielen. Achten Sie darauf, dass Sie dies in den ersten Wochen oft spielen und hier sehr konsequent sind. Dadurch können Sie sein Maul sehr weich und sensibel machen, bis hin zum zärtlichen Schnauzenspiel.
Sollte Ihr Welpe nicht abbrechen und weiterhin grob mit Ihnen umgehen, sollten Sie unbedingt mit dem Leiter der Welpengruppe sprechen. Wichtig: Hunde, die als Welpe keine Gelegenheit hatten, beim Umgang mit Artgenossen und Menschen kontrolliertes Beißen zu erlernen, können sich als problematisch und sogar gefährlich erweisen. Das gilt auch für Hunde, die schlechte Erfahrungen gemacht haben. In solchen Fällen sollte auf jeden Fall ein erfahrener Hundetrainer helfen, das Problem zu lösen.

MASSREGELUNG DURCH ÄLTERE HUNDE

Beim Erlernen der Beißhemmung geht es um gutes Benehmen – auch im Umgang mit älteren Hunden. Welpen lernen nur, andere Hunde korrekt zu lesen, wenn sie aufgrund von Fehlverhalten vom Älteren korrigiert werden. Wird ein Welpe oder Junghund von einem erwachsenen Hund gemaßregelt, muss der ältere Hund kompetent sein – also, ein sehr gutes Sozialverhalten aufweisen, und wohldosiert agieren.

AUSDRUCKSVERHALTEN UND KOMMUNIKATION

Hunde kommunizieren auf vielfältige Weise mit ihrer Umwelt. Hundehalter sollten die Körpersprache richtig deuten können.

NORMALVERHALTEN

Eines vorab: Es gibt Normalverhalten, aber nicht nur eine Variante. Allein die Vielzahl der Rassen bringt eine Vielzahl verschiedener Varianten mit sich. Alle Hunde mit Blick auf den Urvater Wolf über einen Kamm zu scheren, ist falsch und wissenschaftlich veraltet. Es gibt zwar Parallelen – wie das Bedürfnis, Sozialpartner zu haben und Ressourcen zu befriedigen –, aber Hunde sind nun mal keine Wölfe. Das Normalverhalten des Hundes wird eigentlich nur von einem einzigen Ziel bestimmt: Das Leben zu leben. Denn das Leben an sich zählt für jeden einzelnen Hund, nicht – wie lange angenommen wurde – die Fortpflanzung. Und wer leben will, der braucht Ressourcen.
Um die Fortpflanzung zu sichern, braucht der Hund allerdings bestimmte Ressourcen, vor allem Nahrung, Wasser und ein eigenes Territorium. Hinzu kommt, dass Hunde in der Regel keine Einzelgänger sind. Sie benötigen Sozialpartner wie Artgenossen oder auch Menschen, die sie durchaus als solche anerkennen. Ohne diese Sozialpartner ist kein artgerechtes Hundeleben möglich.
Eine Ketten- oder Zwingerhaltung ist somit ebenso unangebracht wie die Isolation eines Hundes in einem separaten Raum im Haus. Eine artgerechte Haltung setzt immer Familienanschluss voraus.

RESSOURCEN

Ressourcen sind ein zentrales Thema im Alltag des Hundes und auch die hierarchischen Strukturen machen sich daran fest. Wer ganz oben steht, hat freien Zugang zu Ressourcen. Wobei Hunde dabei nicht nur an Fressbares denken. Ranghohe Gruppenmitglieder bestimmen, wann es Sozialkontakt gibt und wann nicht. Sie entscheiden, ob ein Spielzeug zum Einsatz kommt oder nicht. Sie beanspruchen strategisch wichtige Plätze im Haus. Wenn der Hund also stets Zugang zu Nahrung hat, selbst bestimmt, wann Zeit fürs Spiel oder Streicheleinheiten ist und auch noch auf einer Decke mitten im Wohnzimmer oder – alles überwachend – direkt hinter der Haustüre thront, dann kann es dazu kommen, dass er sich ganz weit oben in der Familienhierarchie fühlt. Und sollte das noch nicht der Fall sein, wird der Hund zumindest daran arbeiten (jedoch mal mehr,

01

02

03

mal weniger stark ausgeprägt, abhängig von der individuellen Persönlichkeit des Hundes oder auch seiner Rasse). Dem Hundehalter sollte also bewusst sein, dass das Einfordern von Spiel, Streicheleinheiten, Nahrung oder das „Zufällig-Mitten-im-Weg-Liegen“ für den Hund eine Bedeutung hat. Man darf auch mal darauf eingehen, doch auch hier ist ein Wechselspiel wichtig. Ihr Hund muss seinen Liegeplatz räumen, wenn Sie das möchten. Sie sollten auch die Initiative zu Spiel und Streicheleinheiten ergreifen oder ihn ignorieren, wenn er fordernd wird. Denn meistens nutzen Hunde sehr subtil – und vom Halter unbemerkt – jede kleine Lücke, um ihren Status zu verbessern. Im Haus ist es oft kein Problem, aber es kann Auswirkungen auf den Gehorsam haben: Er entscheidet, ob er auf den Rückruf reagieren möchte oder nicht. Und je nach Hundepersönlichkeit auch, ob der entgegenkommende Hund angepöbelt werden sollte, ob der Briefträger das Grundstück betreten darf, wer sich dem Napf, dem Kühlschrank ... nähert usw. Für den Hundehalter bedeutet das: möglichst oft nacharbeiten und keine Nachlässigkeiten dulden. Das erfordert Disziplin, aber die Anstrengung lohnt sich.

01 Durch Beanspruchen von Ressourcen (hier ein Pantoffel) versuchen Hunde, unsere Aufmerksamkeit zu bekommen ...

02 ... geht man auf diese Herausforderung ein, wird man selbst zum „Spielball“.

03 Zum Einhalten von Regeln gehört auch, dass der Hund kein Futter vom Tisch bekommt.

VERHALTEN AUF EINEN BLICK

Hunde sprechen eine eindeutige Sprache, sie teilen sich über Körpersprache, Duftstoffe, Lautäußerungen und durch Körperkontakt mit. Mimik und Gestik gehören zur Körpersprache und können rasseabhängig unterschiedliche Ausprägung haben.

NEUTRALHALTUNG

Je nach anatomischer Ausformung zeigen Hunde eine rassetypische Neutralhaltung. Der im Schema dargestellte schäferhundartige Hund kann die Ausdruckselemente deutlich einsetzen.

ERWARTUNGSHALTUNG

Sobald ein Umweltreiz den Hund stimuliert, richtet er seine Aufmerksamkeit darauf. Diese Erwartungshaltung wird durch aufmerksames Hinschauen und eine mäßige Körperspannung dargestellt.

IMPONIERVERHALTEN

Beim Imponierverhalten zeigt der Hund dem Gegenüber seine Stärke, ohne diesen zu bedrohen. Typisch sind hierfür die steil aufgestellte Rute, durchgedrückte Gelenke und ein abgewandter Blick.

SPIELHALTUNG

Eine typische Spielaufforderung stellt die Vorderkörpertiefstellung dar. Dabei senkt der Hund den Brustkorb und wedelt am aufrecht stehenden Hinterteil mit der Rute.

ANGSTHALTUNG

Wenn sich ein Hund bedroht fühlt, versucht er sich klein zu machen. Dabei sind zurückgelegte Ohren, eine tief gehaltene Rute sowie eingeknickte Gliedmaßen typisch.

DEMUTSHALTUNG

Der Hund sucht den Kontakt zu einem Sozialpartner (Mensch oder Hund) mit geduckter Körperhaltung, zurückgelegten Ohren und tief gehaltener Rute um sich aktiv oder passiv zu unterwerfen.

UNSICHERES DROHEN

Aggressives Verhalten wird meist aus Unsicherheit gezeigt, weil der Hund sich bedroht fühlt. Dabei macht er sich klein (Ohren angelegt, geduckt) und zeigt viele Zähne bei langer Maulspalte.

SICHERES DROHEN

Aggressives Verhalten ohne Anzeichen von Unsicherheit sind durch direktes Fixieren mit aufgerichtetem, angespanntem Körper und dem Blecken der Vorderzähne mit runder Maulspalte gekennzeichnet.

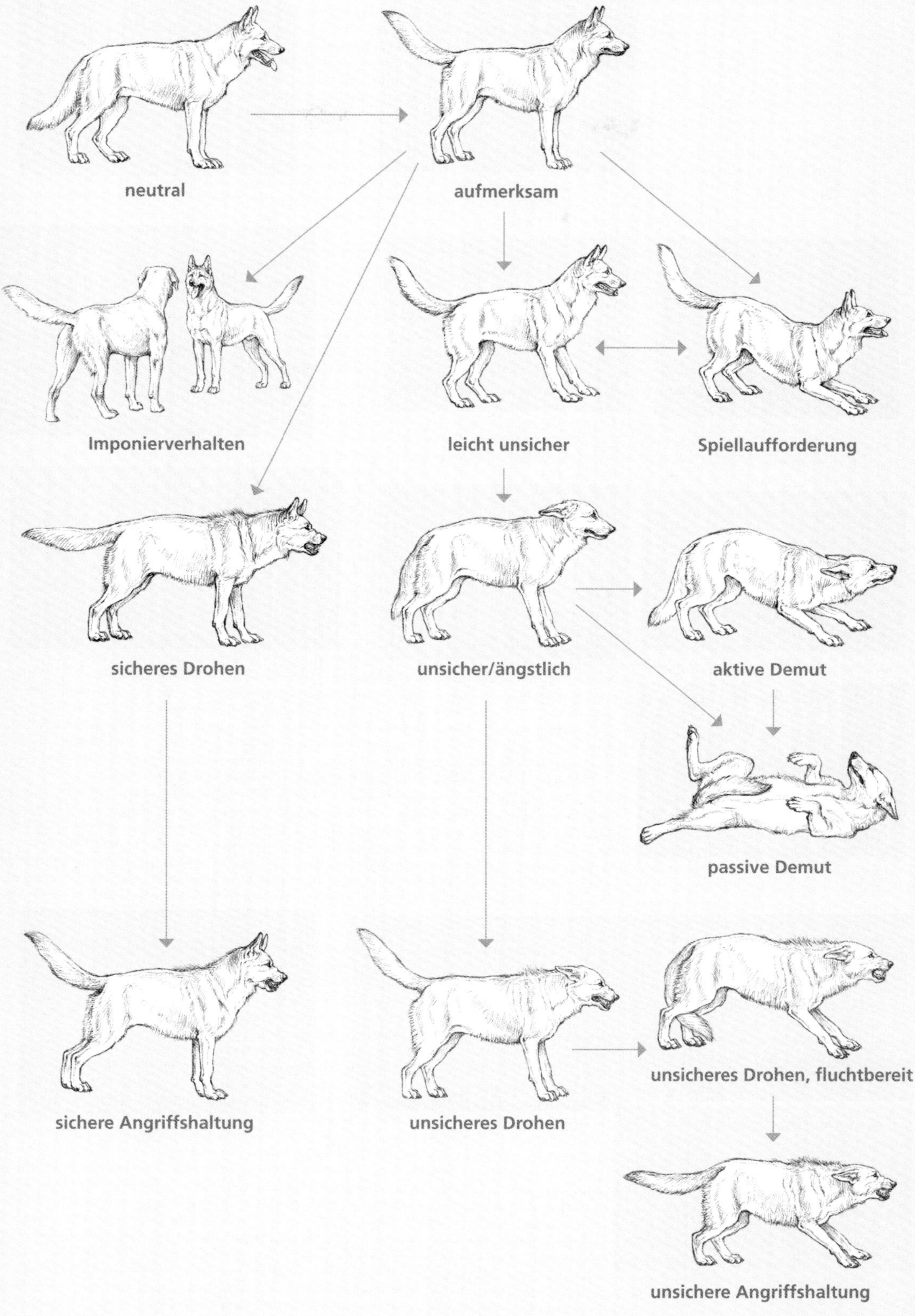
neutral
aufmerksam
Imponierverhalten
leicht unsicher
Spiellaufforderung
sicheres Drohen
unsicher/ängstlich
aktive Demut
passive Demut
sichere Angriffshaltung
unsicheres Drohen
unsicheres Drohen, fluchtbereit
unsichere Angriffshaltung

LERNVERHALTEN UND ERZIEHUNG

GRUNDLAGEN DES LERNENS

Wer einen Hund hält, ist dafür verantwortlich, diesen zu erziehen. Denn nur durch Training wird er zu einem treuen Begleiter, mit dem das Zusammenleben Spaß macht.

HUNDE LERNEN IMMER

Einen gut erzogenen Hund kann man fast überallhin mitnehmen, ohne negativ aufzufallen. Eine solide Erziehung bedeutet auch weniger Stress, denn wer will schon den lieben langen Tag an seinem Hund herumkorrigieren. Außerdem schenkt es dem Hund Freiheiten. Wer gut auf die Signale des Hundehalters reagiert, darf auch ohne Leine sein Hundeding machen. Doch um einen Hund erfolgreich zu erziehen, bedarf es einiger Grundkenntnisse. Sein hundetypisches Lernverhalten ist der Schlüssel zum Erfolg. Hinzu kommt ein auf den Hund zugeschnittenes Training, das eine klare Struktur erfordert.

STÄNDIG UNTER BEOBACHTUNG

Hunde passen ihr Verhalten immer der aktuellen Umweltsituation an. Erweist sich das Verhalten als geeignet, wird es beibehalten. Ist es ungeeignet, stellt es der Hund im Lauf der Zeit ein. Was angemessen erscheint und was eher unpassend, hängt beim Familienhund auch stark von der Reaktion seines Besitzers ab. Er beobachtet sogar ganz genau, wie sein Halter oder die Umwelt auf bestimmte Verhaltensweisen reagiert. Und dieser Lernprozess findet ständig statt, nicht nur während des Trainings. Da Hunde generell darauf erpicht sind, möglichst gut durchs Leben zu kommen, passen sie sich durchaus gerne an. Zumindest dann, wenn es dafür einen Leckerbissen oder andere positive Bestärkungen gibt. Ein Zugewinn an Ressourcen beflügelt ihren Gehorsam. Hinzu kommt die Schadensvermeidung. Bloß kein unnötiges Risiko eingehen. Denn das könnte die Überlebenschancen mindern bzw. unangenehm werden. Soweit die Grundtendenz des Lernverhaltens. Wobei auch die Rasse, die Lebenserfahrung und die aktuelle Lebenssituation eine Rolle spielen, wenn es ums Ausloten lebenswichtiger Faktoren geht. Doch wie lernen Hunde nun eigentlich? Zum einen durch assoziatives Lernen, das heißt, Hunde verknüpfen Dinge miteinander. Zum anderen nicht assoziativ. Dann bestimmen Sensibilisierung oder Habituation, also Gewöhnung, den Lernprozess.

HABITUATION

Die Habituation nimmt im Welpenalter eine besonders wichtige Funktion ein: Umweltreize, die anfangs neutral besetzt sind, ignoriert der Hund zunehmend, weil er sich an diese Reize gewöhnt. Das Brummen des Staubsaugers gehört dann ebenso zu den

01

02

03

ganz normalen Dingen des Alltags wie das Klingeln des Telefons oder ein vorbeidonnernder LKW. Reize, an die sich der Hund durch Habituation gewöhnt, sollten von ihm nicht mit Leckerchen verknüpft werden. Das gilt auch für ganz banale Alltagsbegebenheiten wie die Überquerung eines Gitterrostes oder das Überwinden einer Treppe. Das gut gemeinte Leckerchen verhindert in solchen Situationen sogar die Gewöhnung. Wenn es sich also nicht um einen ausgesprochen ängstlichen Hund handelt, einfach souverän vorangehen. Der Hund wird folgen. Liegt extreme Ängstlichkeit vor, sollte ein Hundetrainer hinzugezogen werden.

SENSIBILISIERUNG

Bei der Sensibilisierung verhält es sich genau umgekehrt: Ergebnis dieses Lernens ist eine verstärkte Reaktion auf einen bestimmten Reiz. Ursprünglich diente die Sensibilisierung dem Meistern einer gefährlichen Situation. Heute kann es für einen Hundehalter sehr unangenehm sein, wenn auf diesem Wege z. B. eine Geräuschempfindlichkeit entsteht. Das geschieht vor allem dann, wenn der Hund in einer für ihn unbekannten Situation schon in gesteigerter Alarmbereitschaft ist. Die Anhäufung von Stressfaktoren führt dazu, dass er seinen Stress nicht kompensieren kann. Deshalb sollte man beim Präsentieren neuer Reize darauf achten, dass der Hund möglichst entspannt ist.

01 Umwelterfahrungen sind für Welpen wichtig, denn nur so können sie sich an die vielfältigen Situationen gewöhnen.

02 Auf den gemeinsamen Runden wird der Hund für Blickkontakt zu seinem Menschen mit Futter belohnt.

03 Durch regelmäßiges Trainieren des Blickkontaktes, lernt der Hund, auf seinen Menschen zu achten.

ASSOZIATIVES LERNEN

Beim assoziativen Lernen verknüpft der Hund zwei Ereignisse, die kurz hintereinander geschehen. Ein einfaches Beispiel hierfür ist die Übung „Sitz“, indem der Hund das Wort „Sitz“ hört, kurz bevor er sich hinsetzt. Das Verknüpfen einer zeitnah folgenden Belohnung durch ein Leckerchen oder Spielzeug in einer gelungenen Übung erfolgt ebenfalls über dieses Lernprinzip. Der Hund setzt sein Verhalten nach einer Kosten–Nutzen–Rechnung ein. Er entscheidet sich für oder gegen ein Verhalten, je nachdem wie lohnend es ihm erscheint. Wenn das Training auf einem Belohnungs- und Erfolgsprinzip aufbaut, sind Hunde schnell zu begeistern. Allerdings sollte man aufpassen, dass der Hund sich nicht ohne unsere Erlaubnis mit anderen Dingen selbst belohnt. Beispielsweise ist der Rückruf unter Ablenkung eine Aufgabe, bei der sich manche Hunde nicht für das Leckerchen, sondern z. B. für das Hinlaufen zu einem fremden Hund entscheiden. Im Hinblick auf die Vermeidung von solchen „Fehlassoziationen“ ist es sinnvoll, das Training unter langsam steigender Ablenkung aufzubauen. Der Einsatz von sogenannten Managementmaßnahmen wie vorausschauendem Anleinen in Begegnungssituationen ist hierbei hilfreich.

WIE HUNDE LERNEN

Hunde lernen vor allem durch die Verknüpfung von einzelnen Ereignissen (Assoziation). Aber auch durch Gewöhnung (Habituation). Bei der Gewöhnung lernt der Hund, einem bestimmten Reiz keine Beachtung mehr zu schenken. Das Gegenteil hiervon ist die Sensibilisierung. Hierbei wird eine gesteigerte Verhaltensweise durch ein bestimmtes Signal ausgelöst.

Apportieren ist für Retriever eine hohe Motivation.

BEDÜRFNISSE DES HUNDES

Um Lernziele zu erreichen, machen sich erfolgreiche Hundetrainer oft natürliche Bedürfnisse des Hundes zunutze. Futter, Komfort und Gesellschaft heißen die Antriebsfedern, die Hunde schneller lernen lassen. So auch beim Lernprozess, der den Hund das Geräusch des Clickers mit einer Futter- oder Spielbelohnung verknüpfen lässt – einer klassischen Konditionierung. Erfolgt eine operante Konditionierung, zeigt der Hund innerhalb des Trainings ein bestimmtes Verhalten und erhält darauf eine Reaktion aus der Umwelt. Führt ein Verhalten des Hundes zu einer Belohnung, wird er es öfter zeigen. Bei einem Misserfolg zeigt er es seltener oder gar nicht mehr.

Im Gegensatz zur klassischen Konditionierung entscheidet sich der Hund bei einer operanten oder instrumentellen Konditionierung selbst, eine Verhaltensweise zu zeigen. Das ist z. B. beim freien Formen der Fall: Dabei wartet der Hundehalter ab, bis der Hund zufällig eine erwünschte Verhaltensweise zeigt und bestärkt diese dann mit dem Clicker und einer Belohnung. Der Ablauf ist immer gleich:

1. Handlung des Hundes
2. Reaktion aus der Umwelt
3. Konsequenzen für die Zukunft

DIE STRAFE

Bei der Reaktion aus der Umwelt kann es sich auch um eine Strafe handeln. Sie soll unerwünschtes Verhalten korrigieren und dazu führen, dass unerwünschtes Verhalten nicht mehr gezeigt wird. Und der Erfolg stellt sich nur beim korrekten Einsatz ein. Eine tiergerechte Erziehung ist hierbei ebenso wichtig wie ein tiergerechter Umgang. Dennoch muss eine Strafe stark genug sein, um eine unerwünschte Handlung zuverlässig zu verhindern und sie sollte schnell (innerhalb ein bis zwei Sekunden) erfolgen, damit der Hund den Zusammenhang zwischen Fehlverhalten und Strafe auch erkennt. Es nützt nichts, den Hund zu maßregeln, weil beim Heimkommen auffällt, dass er den Teppich angeknabbert hat. Strafen wirken nur dann, wenn sie konsequent immer beim Auftreten eines unerwünschten Verhaltens erfolgen.

LOBWORT UND ABBRUCHSIGNAL

Hunde lernen am besten durch positive Belohnung, die das Zufügen einer Belohnung (Futter, Spielzeug, Sozialkontakt, Laufen) beschreibt. Welche Belohnung letztendlich die wirksamste für einen Hund ist, hängt von seinen individuellen Eigenschaften und auch seiner Rasse ab. Ein weiteres sehr wirksam einsetzbares Mittel ist die sogenannte negative Strafe, die den Entzug einer belohnenden Situation darstellt. Für eine klare Kommunikation ist der Einsatz eines auftrainierten Lobwortes oder Clickers sowie der Gebrauch eines ebenfalls zu trainierenden Abbruchsignals sinnvoll. Jedoch ist auf die konsequente Erfüllung dieser Hörzeichen zu achten: Nach dem Click gibt es eine Belohnung, nach dem Abbruchsignal wird das jeweils Belohnende entzogen.
Der Einsatz sogenannter positiver Strafe, bei der dem Hund etwas wirklich Unangenehmes zugefügt wird, sollte wenn überhaupt nötig, nur von einem Profi eingesetzt werden. Das richtige Maß und der richtige Zeitpunkt beim Zufügen einer Strafe sind für die meisten Hundehalter schwer einzuschätzen. Solche Fehleinschätzungen können dem Hund schaden oder sogar nachhaltig die Beziehung zwischen Hund und Halter belasten. Deshalb sollte man sich stets professionelle Hilfe holen, wenn der Hund Problemverhalten zeigt.

☞ VERSTÄRKUNG UND STRAFE

	POSITIV	NEGATIV
BELOHNUNG/ VERSTÄRKUNG	Angenehmes zufügen	Unangenehmes wegnehmen
STRAFE	Unangenehmes zufügen	Angenehmes entfernen

Retriever gehen gern ins Wasser, deshalb kann es als Belohnung dienen.

Beim Rückruf-Training kann man

KONDITIONIERUNG

Gibt es bei der Hundeausbildung häufige, regelmäßige Wiederholungen von Assoziationen, findet eine Konditionierung statt. Hierbei verankern sich die Assoziationen fest im Gehirn des Hundes und gehen in sein Langzeitgedächtnis ein. Dabei unterscheidet man zwei Formen der Konditionierung. Bei der klassischen Konditionierung wird eine reflexartige Reaktion erlernt, wie z. B. das Speicheln nach dem Ton eines auftrainierten Clickers. Der Hund kann den Speichelreflex nicht steuern und empfindet die daraufhin erhaltene Futterbelohnung als sehr belohnend. Bei der operanten Konditionierung wählen Hunde unter Hinzuziehung einer Kosten–Nutzen–Rechnung aus verschiedenen Möglichkeiten die Verhaltensweise aus, die ihnen die größten Vorteile erbringt. Durch Training kann hier gegenkonditioniert werden. Beispielsweise empfindet ein Hund, der gern an Menschen hochspringt, diesen Moment der Kontaktaufnahme als besonders attraktiv. Wird er hingegen nur noch begrüßt, wenn er sich vorher neben seinem Halter hingesetzt hat und dafür ein beliebtes Leckerchen bekommt, wird er sich zukünftig schneller zu diesem orientieren. Diese Übung sollte jedoch häufig wiederholt werden.

MOTIVATION

Ob sich ein Hund dazu entschließt, ein bestimmtes Verhalten zu zeigen oder nicht, hängt von der Motivation ab. Dabei geht es um einen Erregungszustand, der den Hund veranlasst, nach bestimmten Objekten oder Zielen zu streben. Wie stark diese Motivationsfähigkeit ausgeprägt ist, hat sowohl mit der Rasse als auch mit den individuellen Eigenschaften des Hundes zu tun. Dennoch ist sie in jedem Hund vorhanden, wobei die Stärke der Ausprägung und somit auch die realistische Zielsetzung der Motivationsförderung variieren. Beutefang-, Jagd- und Spielverhalten sind Beispiele für Motivationen, die gezielt ausgelöst, gefördert und kontrolliert werden sollten.

eine höhere Motivation herstellen, ...

.... indem man sich klein macht und den Hund freudig empfängt.

LECKERCHEN UND SPIELZEUG

Positive Verstärker erhöhen die Motivation und somit die Lernbereitschaft. In diesem Bereich führen Leckerchen und Spielzeuge ganz klar die Riege der Motivationsbooster an. Allerdings braucht der Hundehalter hierfür eine schnelle Hand. Das Leckerchen muss spätestens ein bis zwei Sekunden nach dem erwünschten Verhalten ins Hundemaul wandern, ansonsten verfehlt es seine Wirkung. Gelingt der Blitztransfer, entfaltet das Leckerchen seine volle und nachhaltige Wirkung. Aus Hundesicht handelt es sich hierbei schließlich um Futter, und Nahrung ist eine Ressource, ohne die er keine Überlebenschance hätte. Somit hat ein Leckerchen einen sehr hohen Stellenwert. Einen weitaus höheren als das Kraulen des Nackenfells. Das ist zwar auch nett und erzieherisch wirksam, aber für das nackte Überleben nicht ganz so wichtig.

Obwohl die Wirksamkeit des Leckerchens aus verhaltensbiologischer Sicht bewiesen ist, rückt der knusprige Happen immer wieder in den Fokus gaumenfeindlicher Kritiker, die im Leckerchen den natürlichen Feind erfolgreichen Lernens sehen. Verwöhnt, erpresserisch, ja brandgefährlich könnten sie Hunde machen – so das Credo der Skeptiker.

Stimmt – wenn Leckerchen einfach so, ohne Sinn und Zweck gegeben werden. Oder die Hand des Hundehalters sofort zur Tasche wandert, sobald der Hund bettelt. Das Prinzip des Lernens mit Leckerchen ist simpel: Es gibt kein Leckerchen, ohne dass der Hund zuvor eine eingeforderte Verhaltensweise gezeigt hat. So lernt der Hund, dass Betteln keinen Erfolg bringt und stellt das Verhalten ein. Wer hierbei konsequent ist, wird die positiven Seiten des Leckercheneinsatzes schätzen lernen. Dabei wird eine neue Aufgabe immer, später nur noch ab und zu belohnt.

BELOHNUNG

Da Motivation rassespezifisch unterschiedlich ist, entscheidet der Hund über die beste Form der Belohnung. Nur wenn er sie als solche empfindet, ist sie auch wirksam.

BASISERZIEHUNG

„Sitz", „Platz", „Bleib" und Kommen auf Ruf sind wichtige Punkte der Basiserziehung und erleichtern den Umgang mit dem Hund. Deshalb sollte man sich die Zeit nehmen, dem Vierbeiner dies beizubringen.

Der Grundgehorsam eines Hundes ist ein komplexes Thema, das mehrere Bücher füllen könnte und auch füllt. Die folgenden Abschnitte sind daher als Anreiz zu sehen, diesen wichtigen Part der Erziehung mit Freude und hoher Motivation anzugehen. Die Tipps weisen Wege, deren weitere Verfolgung die kompetente Begleitung eines Hundetrainers verdient. Hinzu kommt, dass es stets mehrere Wege gibt, die zum Ziel führen. Abhängig von den Eigenschaften des Hundes, den Ansprüchen seines Besitzers und möglicher Vorerfahrungen. Dennoch macht kein Hundehalter etwas falsch, wenn er sich die folgenden Ttipps zu Herzen nimmt.

ERZIEHUNGSTIPPS

- Täglich üben, aber nie lange am Stück, sondern in kleinen Trainingseinheiten. Maximal vier bis fünf Wiederholungen.
- Wenn die Grundübung klappt, in folgender Reihenfolge den Anspruch erhöhen: die ablenkenden Reize (vom Haus, in den Garten, in die Natur, Menschen, andere Hunde, Fahrräder, etc.) intensivieren, dann die Distanz zum Hund vergrößern und schließlich die Dauer der Befolgung eines Signals verlängern.
- Erwünschtes Verhalten wird immer mit einem bestimmten Signal eingeleitet (z. B. Sitz) und mit einem Signal wieder aufgelöst (z. B. Lauf).
- Bleiben Sie immer bei dem gleichen Signal, damit es für den Hund eindeutig ist.
- Überlegen Sie sich, ob auch ein Handzeichen trainiert werden soll.

AUF DEN NAMEN HÖREN

Vieles ist später einfacher, wenn der Hund zuverlässig auf seinen Namen hört. Von Anfang an trainiert, klappt das sicher auch tadellos. Es geht darum, dass der Hund weiß, dass er gemeint ist, wenn sein Name erklingt. Ob er seinen Halter dabei anschaut oder nicht, ist erstmal nebensächlich. Beginnen Sie in ablenkungsarmer Umgebung, z. B. im Wohnzimmer. Das Training lässt sich am besten über die klassische Konditionierung aufbauen: Wenn gerade Kontakt zum Hund besteht, sagt der Halter den Namen und gibt dem Hund ein Leckerchen. Das wird ein paar Mal wiederholt. Klappt das in ablenkungsarmer Umgebung gut und sicher, dürfen die ersten ablenkenden Reize hinzukommen.

BLICKKONTAKT

Der gezielte Aufbau von Blickkontakt verläuft genauso wie der Trainingsaufbau für „Auf den Namen hören". Sie befinden sich im Wohnzimmer mit Ihrem Hund. Stellen Sie sich neben ihn und warten ruhig ab. Schaut er Sie an, bekommt er sofort ein Leckerchen. Sie warten wieder, er schaut, ein Leckerchen. Nach ein paar Zufallstreffern wird der Hund den Blickkontakt gezielter suchen, denn er erwartet nun das Leckerchen. Wenn das gut und schnell klappt, sagen Sie das Signal „Schau", wenn er im Begriff ist, Sie anzuschauen. Auch das wie-

Wenn der Hund sich für andere Dinge interessiert, ...

... hilft ein Signal für Blickkontakt.

Den Hund mit dem Blick auf sich zu konzentrieren, kann viele Alltagssituationen erleichtern.

derholen Sie einige Male. Im nächsten Schritt können Sie „Schau“ sagen, während er in eine andere Richtung guckt. Hat er die Übung mit dem neuen Wort verstanden, sollte er Sie nun ansehen. Riesenlob und Leckerchen! Wenn das sitzt, können Sie Ablenkungen einbauen und an anderen Orten üben.

SITZ

Der Alltag gestaltet sich angenehmer, wenn ein Hund auf Signal hin „Sitz“ macht. Die meisten lernen es schnell mit folgender Methode: Einfach ein Leckerchen nehmen und den Hund – falls nötig – mit dem Hinterteil in eine Ecke stellen, damit er nicht nach hinten ausweichen kann. Nun das Leckerchen über den Kopf des Hundes führen, ohne dabei nach oben hin auszuweichen. Die Handbewegung geht eher in Richtung Wand. Sobald der Hund beginnt, sich zu setzen, sofort das Hörzeichen „Sitz“ geben und dann mit dem Leckerchen belohnen. Erfolgt das Hörzeichen erst, wenn der Hund bereits sitzt, ist es zu spät. Diese Übung mehrmals täglich wiederholen und dann auch ohne Wand üben. Da es von Vorteil ist, wenn Hunde sowohl auf Hör- als auch auf Sichtzeichen zuverlässig reagieren, übernimmt die Leckerchenhand zunehmend das Sichtzeichen. Sie bewegt sich mehr nach oben als – wie anfangs – über den Kopf des Hundes. Welches Handzeichen letztendlich zum unverwechselbaren Signal wird, obliegt dem eigenen Geschmack. Es muss allerdings immer dasselbe sein. Bewährt hat sich ein nach oben gestreckter Zeigefinger bei ansonsten zur lockeren Faust geschlossener Hand. Nun abwechselnd „Sitz“ mit Hör- oder Sichtzeichen trainieren. Dabei allmählich auch den Abstand zum Hund variieren.

HIER

Das Kommen auf Zuruf ist eine Lebensversicherung für jeden Hund. Denn nur, wenn der Hund zuverlässig auf „Hier“ reagiert,

„Sitz“ gehört zum kleinen 1x1 des Hundes.

Ein Rückruf-Signal ist überlebenswichtig.

Das Hinlegen auf Kommando ist eine Übung, mit der auch aufgeregte Hunde „herunterfahren" können.

lässt er sich auch aus bedrohlichen Situationen abrufen. Zuerst wird aus geringer Distanz in einer sicheren Umgebung ohne viel Ablenkung geübt. Der Halter steht direkt vor dem Hund, sagt das Rückrufwort und belohnt ihn sofort mit einem sehr guten Leckerchen. Ein paar Mal wiederholen und dann einen Schritt zurückgehen. Rufen und belohnen, wenn der Hund kommt. Schrittweise wächst der Anspruch. Der Abstand zwischen Hund und Halter vergrößert sich, wobei es ausgesprochen wichtig ist, die Zuverlässigkeit des Hundes in den ersten Wochen nicht zu überschätzen. Ein zu großer Abstand, der womöglich mit einem Ignorieren des Hörzeichens einhergeht, wirft den Trainingserfolg zurück. Parallel zur Distanz zwischen Hund und Halter steigert sich auch die Intensität der ablenkenden Reize. Wichtig: An verschiedenen Orten üben. Soll eine Hundepfeife als Rückrufsignal dienen, erfordert auch das einen schrittweisen Trainingsaufbau. Das Rückruftraining ist erst abgeschlossen, wenn sich der Hund in jeder Situation abrufen lässt. Auch auf dem Weg zu einem anderen Hund, oder wenn er sogar schon am Ziel angekommen ist. Zuvor kann es sinnvoll sein, ihn mit Geschirr und Schleppleine abzusichern.

PLATZ

Um dem Hund das Hinlegen auf Signal beizubringen, fordert der Hundehalter erst „Sitz", hockt sich dann neben seinen Hund und lockt ihn mit einem verführerischen Leckerbissen nach unten. Die Hand darf sich dabei nicht vorwärts bewegen, ansonsten springt der Hund auf. Sobald der Hund dazu

SOFORT LOBEN

Sofort belohnen, wenn sich der Hund hingesetzt hat, am besten mit einem Lobwort und einer ausgesprochen freudigen Stimme und einem Leckerchen.

ansetzt, sich hinzulegen, gibt der Trainer das Hörzeichen „Platz" und lässt eine Belohnung springen. Diese Übung mehrmals täglich wiederholen, bis alles zuverlässig klappt. Als nächstes kommt ein Sichtzeichen hinzu. Zum Beispiel eine flach ausgestreckte Hand, deren Innenfläche zu Boden zeigt. Nun stellt sich der Trainer vor den Hund, gibt das bekannte Hörzeichen und setzt minimal danach das Sichtsignal ein. Sobald der Hund zuverlässig auf diese Kombination reagiert, können Sicht- und Hörsignal auch einzeln geübt werden.

NICHT ANSPRINGEN

Manche stört es nicht, doch die meisten wollen nicht von einem Hund angesprungen werden. Was im passenden Moment als überschwängliche Freude begrüßt wird, mutiert spätestens dann zum Ärgernis, wenn schmutzige Pfoten und empfindliche Kleidung aufeinandertreffen. Also abtrainieren, aber wie? Am besten mithilfe inszenierter Situationen, bei denen Besucher ins Haus kommen und den Hund „Sitz" machen lassen. Die Belohnung erfolgt durch den Hundehalter. Anfangs notfalls eine Leine zur Hilfe nehmen, den Hund damit vom Besucher fernhalten und solange ignorieren, bis er sitzt. Dann ausgiebig belohnen. Wenn der Besuch den Hund nur dann begrüßt, wenn er sitzt, ist das auch eine gute Belohnung. Diese Situation auf Spaziergänge und andere Alltagssituationen ausweiten. Wenn Sie einen zappeligen Hund haben, dem das Sitzen schwer fällt, können Sie ihn auch zu einem kleinen (Renn-)Spiel vom anderen Menschen weg einladen, sodass er auf andere Gedanken kommt.

VORTEIL CLICKER

Ein Clicker hat gegenüber dem Lobwort den Vorteil, immer gleich zu klingen, wogegen die menschliche Stimme durchaus Schwankungen unterliegt. Ein Lobwort ist jedoch in vielen Situationen hilfreich, wo vielleicht gerade kein Clicker zur Hand ist. Deshalb auf jeden Fall antrainieren, auch wenn die Clickerarbeit zum Training gehört.

ANSPRINGEN

Welpenbesitzer sollten verhindern, dass jeder Passant sich fröhlich auf den Hundenachwuchs stürzt. Denn gerade hier liegt oft die Ursache des lästigen Anspringens. Doch was bei einem putzigen Welpen noch nach niedlicher Begrüßung aussieht, macht keinen Spaß mehr, wenn die schlammigen Pfoten eines 40-Kilo-Hundes auf den Schultern des Passanten landen.

BLEIB

„Bleib" ist eine weitere, überaus praktische Übung. Wie schön, wenn der Hund tatsächlich noch dort ist, wo man ihn zuvor vorübergehend zurückließ. Das Training beginnt im „Sitz" und im „Platz". Der Hundehalter steht direkt neben dem Hund und verlängert den Zeitraum bis zur Gabe des Leckerchens in kleinen Schritten. Dann folgt der nächste Schritt: Während der Hund – wie zuvor gelernt – auf Signal hin eine sitzende Position einnimmt, streckt ihm der Trainer nun zusätzlich eine aufgerichtete Hand mit zum Hund gerichteter Innenfläche entgegen. Gleichzeitig gibt der Hundehalter das Hörzeichen „Bleib" und zwar mit einer möglichst ruhigen Stimme. Die andere Hand befördert nun von oben das Leckerchen ins Hundemaul. Dann wird das „Sitz" durch ein auflösendes Signal (z. B. Lauf) beendet. Mehrmals täglich, jeweils zwei- bis dreimal, üben und schrittweise ablenkende Reize, die Verweildauer und die Distanz zwischen Hund und Halter erhöhen. Springt der Hund auf, bevor das „Bleib" aufgelöst wurde, signalisiert der Trainer mit einem Fehler-

Anspringen sollte dem Hund abgewöhnt werden.

wort, dass das Leckerchen nun verspielt ist und beginnt die Übung von vorne. Man sollte anfangs darauf achten, nicht zu weit vom Hund wegzugehen.

LOBWORT

Jeder Hundehalter sollte ein Hörzeichen im Repertoire haben, das beim Hund umgehend das Gefühl auslöst, etwas richtig gemacht zu haben. Zum Beispiel „Prima", das unverwechselbarer ist als „Fein". Denn „Fein" klingt ähnlich wie „Nein" und wird im Alltag häufig verwendet. Der Hund erlernt das Lobwort über die klassische Konditionierung: Der Halter sagt das Lobwort und achtet dabei auf eine möglichst freundliche, ja euphorische Stimmlage. Anschließend gibt es direkt ein besonders gutes Leckerchen. Zehn bis 15 Mal wiederholen. Dann machen Sie eine Pause und üben etwas später noch einmal. Je besser das Leckerchen, sprich der positive Verstärker, ist, umso effektvoller prägt sich die Verknüpfung beim Hund ein. Auch die Häufigkeit der Wiederholungen trägt zum Lernerfolg bei.

Stattdessen können Hunde die Übung „Sitz" lernen.

Das Hinlegen auf Kommando gehört zum Grundgehorsam.

Für die Leinenführigkeit muss der Hund lernen, sich dem Tempo seines Menschen anzupassen.

LEINENFÜHRIGKEIT

Ein Hund ist leinenführig, wenn er an durchhängender Leine neben seinem Besitzer herläuft und dabei keinen Slalomkurs einschlägt. Ob der Hund dabei auf der rechten oder der linken Seite läuft, ist im Alltag der persönlichen Vorliebe überlassen. Gut ist es auch, beide Seiten einzuüben. Vermutlich stößt keine andere Forderung bei Hunden auf so viel Unverständnis. Was nicht verwundert, weil Hunde nun einmal nicht im Schneckentempo auf Schulterhöhe nebeneinander her spazieren und dabei plaudern. Und doch ist es wichtig, diese Übung ernst zu nehmen. Sie ermöglicht gefahrloses Vorwärtskommen auf engen Wegen, verhindert bei der Arbeit an der Leine kräftezehrendes Dauerziehen und ist zudem eine ausgezeichnete Übung zur Selbstkontrolle. Anfangs wird in einer reizarmen Umgebung geübt. Eventuell auch mit am Boden schleifender Schleppleine. Alles, was den Hund lockt, ist erlaubt: ein gutes Leckerchen, aufmunterndes Schnalzen oder Klopfen auf den Oberschenkel. Wenige Schritte an der Seite des Halters reichen und werden mit einem Leckerchen belohnt. Häufige Richtungswechsel erhalten die Aufmerksamkeit, ebenso Tempowechsel. Schrittweise die Strecken, auf denen der Hund bei Fuß geht, verlängern. Zwischendurch immer wieder auflösen, um die Motivation zu erhalten. Wenn gleichzeitig ein Hörzeichen für die Leinenführigkeit antrainiert wird (z. B. „Fuß"), erleichtert das den täglichen Umgang zusätzlich.
Es ist sinnvoll, beim jungen Hund Halsband und Geschirr anzuziehen. Soll er ordentlich an der Leine gehen, übt man am Halsband. Hier wird die lockere Leine konsequent eingefordert. Wenn gerade keine Zeit ist oder die Ablenkung zu groß, schnallt man die Leine ins Geschirr. Hier darf er dann auch mal ziehen.

NIMM'S UND AUS

Eines vorab: Das Wegnehmen einer Beute bedeutet für den Hund immer Frustration. Außer, es gibt etwas vermeintlich Besseres dafür im Tausch. Deshalb ist es von Vorteil, wenn der Hund lernt, dass „Aus" stets auch einem Zugewinn gleichkommt. So kann man beispielsweise einen Ochsenziemer gegen etwas besonders Leckeres, leicht Verzehrbares eintauschen.
Die Befolgung dieser Signale kann Schaden verhindern und sogar ein Hundeleben retten. Zum Beispiel dann, wenn der Vierbeiner

Zuerst lernt der Hund das Hörzeichen für das Aufnehmen, ...

... dann folgt das „Aus"-Geben.

einen gefährlichen Gegenstand oder etwas anderes Ungenießbares ins Maul nimmt. Hat er zuvor gelernt, das Hörzeichen „Aus“ umgehend umzusetzen, wird er das Objekt nun sofort wieder ablegen. Ein wichtiges Ziel mit einem ganz spielerischen Trainingsplan. Der Hundehalter nimmt einfach ein begehrtes Spielzeug in eine Hand und wedelt damit vor dem Gesicht des Hundes herum, bis er es ins Maul nimmt. Der beste Zeitpunkt für das Hörzeichen „Nimm's“ ist der Augenblick, in dem der Hund sein Maul öffnet. Nun hält der Trainer dem Hund ein gutes Leckerchen oder ein Spielzeug vor die Nase und sagt „Aus“. Wenn es ein wirklich gutes Leckerchen ist, wird der Hund nun das Spielzeug fallen lassen, um an den Leckerbissen zu kommen. Mehrmals täglich wiederholt, festigt sich das Wechselspiel zwischen „Nimm's“ und „Aus“. Nun erfolgt die Ausdehnung auf andere Objekte und der Halter erteilt die Signale aus immer größerer Distanz. Um zu vermeiden, dass der Hund jedes Mal überprüft, ob tatsächlich ein Tauschobjekt lockt, sagt der Hundehalter im weiteren Trainingsverlauf erst „Aus“ und zieht dann das Tauschobjekt aus der Tasche. Schließlich erfolgt auch das getrennte Abfragen der Hörzeichen. Denn „Aus“ soll irgendwann zuverlässig ohne vorheriges Aufnehmen eines Objekts auf Signal hin funktionieren. Auch hier greift die klassische Konditionierung. Das „Aus“ wird mit dem Tauschobjekt verknüpft, deshalb bietet der Hund die Verhaltensweise auch so schnell an.

Es gibt unter den Hunden aber auch Kandidaten, die ihren Kauartikel nur ungern hergeben, gegebenenfalls auch verteidigen. Wenn Sie merken, dass Ihr Hund hektisch wird, steif, knurrt oder gar schnappt, sollten Sie auf jeden Fall einen Hundetrainer hinzuziehen und nicht auf eigene Faust weiterüben.

Schleppleinen ermöglichen „abgesicherten Freilauf“.

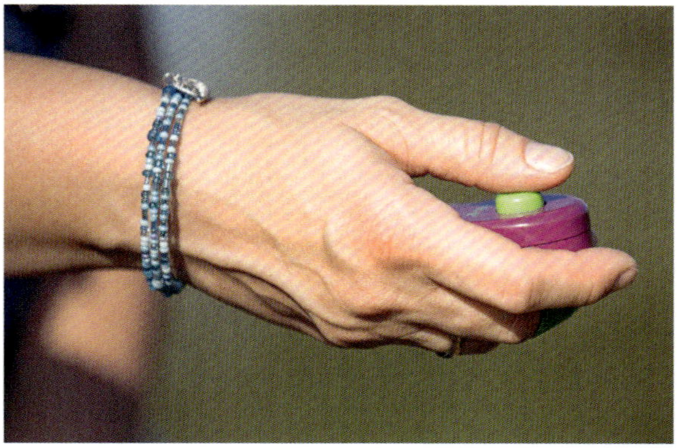

Der Click signalisiert dem Hund, dass eine Belohnung folgt.

HILFSMITTEL

Manche Hunde brauchen sie nicht, andere lernen mit Hilfsmitteln einfach besser. Ausprobieren ist angesagt, um herauszufinden, was zu den individuellen Anforderungen von Hund und Halter passt. Es gibt diverse Hilfsmittel. Zu den gängigsten zählen Halsbänder, Geschirre, Kopfhalfter, Leinen, Schleppleinen, Pfeifen und Clicker. Damit

Hilfsmittel ihren Zweck erfüllen, müssen sie gewissen Anforderungen entsprechen. So sollten Halsbänder gut sitzen, dürfen also weder zu groß, zu klein oder zu schmal sein. Und ihr Verschluss muss auch bei plötzlichem Zug halten, was bei schlecht verarbeiteten Klickhalsungen nicht immer der Fall ist. Dasselbe gilt für Geschirre: Eine gute Passform mit viel Bewegungsfreiheit für das Schulterblatt und Karabiner, die nicht auf die Wirbelsäule schlagen, zeichnen gute Produkte aus. Der Einsatz von Kopfhalftern erfordert ein spezielles Aufbautraining. Es gibt verschiedene Modelle: mit Öse im Nacken und mit Öse unter dem Kinn. Auch bei Leinen ist auf Qualität zu achten. Minderwertige Modelle mit Nieten neigen dazu, bei plötzlicher Zugbelastung an der genieteten Stelle zu reißen.

Außerdem gibt es strafende Hilfsmittel wie Sprühhalsbänder und Fisher Discs – Metallscheiben, die von einem Ring zusammengehalten werden. Generell gilt es, den Hund möglichst positiv zu erziehen. Ist man mit seinem Latein am Ende, sollte man unbedingt einen professionellen Hundetrainer hinzuziehen und nicht selbstständig experimentieren.

Zu den vielen weiteren Hilfsmitteln zählen auch welche, die entweder schon verboten sind oder ausschließlich in ganz speziellen Fällen von erfahrenen Ausbildern benutzt werden sollten. Von allen sollten Halter von Familienhunden Abstand nehmen, weil sie der Beziehung zum Hund ganz erheblich schaden können. Zu den in Deutschland verbotenen Hilfsmitteln gehören Stromimpulsgeräte. Stachelhalsbänder sind in der Schweiz und in Österreich ausdrücklich verboten. In Deutschland ist der Gebrauch nach ständiger Rechtsprechung ebenfalls unzulässig. Das Tierschutzgesetz verbietet es, einem Tier im Training erhebliche Schmerzen zuzufügen. Würgehalsbänder ohne Stoppvorrichtung können zu Kehlkopfquetschungen führen. Lendenleinen und Geschirre, deren Zug auf die Achselhöhlen des Hundes wirkt, können massive Schmerzen zuführen. Generell gilt: Hundehalter sollten auf Hilfsmittel verzichten, die Hunden Schmerzen zuführen.

CLICKERTRAINING

Die aufgeführten Übungen lassen sich übrigens auch mithilfe eines Clickers trainieren. Dahinter verbirgt sich der Nachbau eines Spielzeugs aus Großmutters Zeiten, das inzwischen längst nicht mehr nur in Kinderhänden für Spaß sorgt, sondern in den Hosentaschen vieler Hundehalter zu finden ist: eine Art Knackfrosch, der laut klickt, wenn man ihn drückt. Anforderung – Klick – Belohnung – Erfolgserlebnis; so einfach ist das. Hundehalter, die sich dafür interessieren, sollten sich nach einer Hundeschule umsehen, in der geclickert wird.

GEDULD UND KONSEQUENZ

Die wichtigsten Erziehungsaspekte sind jedoch liebevolle Konsequenz und Geduld, denn viele Trainingsschritte müssen über Wochen oder sogar Monate täglich wiederholt werden, um sich zuverlässig im Gehirn des Hundes zu verankern. Auch nach Jahren kann regelmäßiges Nacharbeiten erforderlich sein, wenn sich im Alltag Nachlässigkeiten einschleichen. Doch auch wenn das mühsam klingt, lohnt sich der Einsatz. Denn ein mit positiven Hilfsmitteln erzogener Hund gehorcht, weil er verstanden hat und seine Grenzen kennt, ohne Angst vor seinem Besitzer zu haben. Und das ist die beste Grundlage für ein harmonisches Miteinander. Ganz gleich, ob es sich um den jagdlichen Einsatz, sportliche Aktivitäten oder Trickdogging handelt. Vertrauen und Verständnis sind die besten Voraussetzungen für eine gemeinsame Entdeckungsreise durch die Welt der Mensch-Hund-Beziehung.

DIE MENSCH-HUND-BEZIEHUNG

HUND UND FAMILIE

Hunde leben sehr eng mit uns zusammen. Damit dies problemlos klappt, müssen sie menschliche Regeln einhalten. In erster Linie gehört dazu, den Hund nicht zu vermenschlichen.

RUHEZONEN

Von den Sozialpartnern getrennt zu sein, ist für Hunde eine regelrechte Bedrohung, weshalb sie keinesfalls ausschließlich im Zwinger gehalten werden sollten. Auch die Haltung in einem separaten Raum im Haus ist nicht artgerecht, weil sie den Hund von der Gruppe isoliert. Andererseits brauchen Hunde auch frei zugängliche Rückzugsmöglichkeiten. Das gilt verstärkt für Welpen, trächtige Hündinnen, kranke und ältere Hunde. Aber selbst erwachsene Hunde, die vor Tatendrang nur so strotzen, haben manchmal einfach genug von ihrer quirligen Menschenfamilie. Dann sollten sie in einem frei zugänglichen, ruhigen Bereich ohne Störung neue Energien tanken können. Zu abgelegen

Während die Menschen auf dem Sofa sitzen, kann der Hund auf seinem Platz entspannen.

darf diese Ruhezone jedoch nicht sein, denn Hunde behalten auch gerne beim Abschalten den Überblick. An diesem Platz sollte der Hund in Ruhe gelassen werden.

DIE MENSCHLICHE FAMILIE

Hunden ist bewusst, dass Menschen keine Hunde sind. Aber sie betrachten sie als guten Ersatz für Artgenossen. Auch wenn der Hund jedes Mitglied der Familie als zur Gruppe zugehörig erachtet, schließt er sich oft einem Menschen, seiner Bezugsperson, stärker an. Oft ist das derjenige, der alle Entscheidungen trifft, den Hund füttert, am meisten Zeit mit ihm verbringt, gemeinsam mit ihm auf den Hundeplatz geht oder mit ihm Herausforderungen meistert.

Die Einbindung in den Familienverband verhindert, dass der Hund zum Außenseiter wird, was für ihn überlebenswichtig ist. Die angeborene Bereitschaft, sich anzupassen, erleichtert die Eingliederung in die menschliche Familie und ist die Basis für eine vertrauensvolle Beziehung. Doch bei aller Anpassungsfähigkeit sollten Hundehalter nie vergessen, dass sie es mit einem Hund zu tun haben. Insofern sollte er nicht vermenschlicht werden. Er kann kein gleichwertiger Partner sein, sondern braucht ein soziales Gefüge mit klaren Regeln.

KEINE VERMENSCHLICHUNG

Anstatt menschliche Züge in den Hund hineinzuinterpretieren, ist es sinnvoller, die Körpersprache des Hundes und seine Mimik zu verstehen. Denn diese Signale dienen der Kommunikation innerhalb des Familienverbands. Und auch der Hundehalter selbst sollte seine Körpersprache schulen, um hundegerecht mit seinem Vierbeiner zu kommunizieren. Das ist artgerechter als eine Grundsatzdiskussion oder der Irrglaube, der Hund würde jedes Wort verstehen.

Hunde brauchen bei jedem Wetter Auslauf.

HUNDLICHE BEDÜRFNISSE

Als geschätztes Familienmitglied unter Menschen muss ein Hund allerdings auch regelmäßig Hund sein dürfen. Das bedeutet zum Beispiel, dann, wenn es die Bezugsperson zulässt, Sozialkontakte zu Artgenossen zu haben, ausgiebig herumstöbern zu dürfen und sich schmutzig zu machen. Die individuellen Bedürfnisse können nach Rassezugehörigkeit oder abhängig von Alter und Konstitution variieren. Es ist die Aufgabe der Familie, die Bedürfnisse des eigenen Hundes zu erkennen und ihnen in vertretbarem Maß entgegenzukommen. Das trägt zur Ausgeglichenheit des Hundes bei und stärkt sein Vertrauen zum Familienverband.

MYTHEN UND MÄRCHEN

Es gab viele Irrtümer und Fehleinschätzungen in der Forschung rund um den Hund. Und es wird auch weiterhin welche geben, die später der Korrektur bedürfen.

WOLF UND HUND

Ein berühmtes Beispiel hierfür lieferte auch der bekannte Verhaltensbiologe Konrad Lorenz. Er deutete das Zur-Seite-Drehen des Kopfes und das damit verbundene Entblößen der Kehle eines Wolfes als Demutsgeste gegenüber einem jüngeren aufstrebenden Rudelmitglied. Lorenz-Schüler Erik Zimen konnte seinen Lehrer später vom Gegenteil überzeugen. Die Halsdarbietung erwies sich als Überlegenheitsgeste des ranghöheren Tieres und nicht als Gnadengesuch.

UNTERSCHIEDE ZUM WOLF

Die große Wolfsdebatte führte zu zahlreichen Missverständnissen. Hunde stammen vom Wolf ab, das bestätigt die aktuelle Forschung unisono, aber sie unterscheiden sich bei allen Ähnlichkeiten nun einmal auch in vielen Punkten von ihrem entfernten Verwandten – zum Glück, denn ansonsten würden sie als Familienhund kläglich versagen. So reagieren Hunde beispielsweise gezielt auf körpersprachliche Signale des Menschen, wogegen Wölfe diese in der Regel weitgehend ignorieren. Hunde sind hoch motiviert, wenn es darum geht, mit Menschen zu kooperieren, auch wenn sie gemeinsam mit Artgenossen leben. Junge Wölfe zeigen sich hingegen maximal mäßig an Menschen interessiert und orientieren sich als Erwachsene fast ausschließlich an Artgenossen. Hunde lernen zuverlässig über Sicht- und Hörzeichen, die man gezielt mit Belohnungen verknüpft. Das ist bei Wölfen weitgehend undenkbar. Auch würde ein Wolf niemals solch ein grenzenloses Vertrauen zum Menschen aufbauen wie ein Hund.

DAS ALPHA-TIER

Ins Reich der Mythen und Märchen gehört auch das Bild vom unangefochtenen Alpha-Tier, das sich durch körperlichen Einsatz zeitlebens Respekt verschafft. An dieser Idee scheiterten schon zahlreiche Hundehalter,

Der Wolf ist der Urahn des Hundes, jedoch haben sich Hunde wie kein anderes Tier dem Menschen angepasst.

die glaubten, sich durch physische Gewalt Anerkennung erzwingen zu können. Das was sie dadurch erzeugen, ist Angst, kein Respekt. Hunde lassen sich nicht durch körperliche Zwänge davon überzeugen, dass ihr Mensch ein verlässlicher Chef ist. Dieser Status wird dadurch vergeben, dass der Halter in der Lage ist, Ressourcen zuverlässig zu kontrollieren, die der Hund für wichtig hält. Im Prinzip kann der Hund sogar auf dem Sofa schlafen, solange der Halter die Ressourcen kontrolliert, also entscheidet, ob und wann der Hund aufs Sofa darf. Derjenige, der Zugang zu Nahrung, Wasser oder strategisch wichtigen Plätzen hat und außerdem über den Zeitpunkt sozialer Kontakte entscheidet, ist aus Hundesicht ein ranghohes Gruppenmitglied. Aber es gehört noch mehr dazu: Kluge Entscheidungen treffen, der Gruppe, also auch dem Hund, Schutz bieten, wenn es darauf ankommt, Souveränität und Gelassenheit ausstrahlen.

RANGORDNUNG

Die Vorstellung einer starren Rangordnung innerhalb des Familienverbands mit Hund hält sich hartnäckig. Dabei kennen Hunde kein rigides Rudelsystem, das auf Unterdrückung der Schwächeren durch Stärkere beruht. Vertrauen und Bindung entstehen durch nachvollziehbares und konsequentes Verhalten der Ranghöheren. Inkonsequenz und unlogische Strafen führen oft zu Verhaltensproblemen, deshalb sollten die Regeln im Zusammenleben immer gleich sein. Dies vermittelt soziale Sicherheit.

HUND UND KINDER

Hunde und Kinder sind ein tolles Team, wenn die Voraussetzungen stimmen. Generell gilt: Kinder sollten grundsätzlich nie ohne Aufsicht mit Hunden alleine gelassen werden.

EINE GANZ BESONDERE BEZIEHUNG

Wenn Kinder und Hunde zusammen kommen, kann dies eine tolle Bereicherung für alle sein. Beide haben die Chance auf ein besonderes soziales Lernen, indem sie die Kommunikation aufeinander abstimmen und diese anpassen. Die Bereitschaft zum Miteinander ist beim Hund so groß wie bei keinem anderen Haustier. Für Kinder können Hunde Türöffner für das Interesse an der Natur, die Bewegung an frischer Luft und für sportliche Aktivitäten sein. Und sie lernen, Verantwortung zu übernehmen. Wenn Hunde die Möglichkeit bekommen, schon im Welpenalter ausreichend gute Erfahrungen mit Kindern zu sammeln, ist dies die beste Grundlage für ein entspanntes Zusammenleben. Für beide Seiten entsteht oft eine Freundschaft fürs Leben.

KRABBELKINDER

Solange der Nachwuchs auf allen Vieren durch die Gegend krabbelt, unbedingt Rückzugsmöglichkeiten für den Hund schaffen, die für das Kind nicht erreichbar sind.

DIE SOZIALE ORDNUNG

Im sozialen Miteinander werden Kinder bis zur Pubertät als „Jungtiere" empfunden, deshalb kann es vorkommen, dass aufdringliches Verhalten von Kindern die gleiche Reaktion hervorruft, wie sie gegenüber aufmüpfigen Welpen gezeigt würde. Dies kann Knurren, Nasenrückenrunzeln oder sogar Schnappen umfassen. Leider werden Kinder dabei häufiger als Erwachsene aufgrund der geringeren Größe im Gesicht verletzt. Damit dies nicht passiert, müssen Kinder lernen, Grenzen einzuhalten. Das selbständige Führen sollte erst ab dem Teenageralter übernommen werden und bis zum 16. Lebensjahr immer nur unter Aufsicht erfolgen.

KLEINKINDER

Insbesondere Kleinkinder können auf Hunde bedrohlich wirken, weil sie in Aussehen, Bewegung und Sprache gar nicht dem gewohnten Bild eines Menschen entsprechen. Kindliche Verhaltensweisen wie Krabbeln, Laufen, Hinfallen, Handausstrecken und Schreien wirken oftmals bedrohlich und können zum Abwehrverhalten von Hunden führen. Schnelle Bewegung und hohe quietschende Töne lösen bei manchen Hunden Jagdverhalten aus.

Hunde und Kinder werden meist beste Freunde, obwohl ein Betteln am Tisch nicht durchgehen sollte.

REGELN FÜR DAS MITEINANDER

Hunde dürfen nicht als Kuscheltiere dienen, sondern müssen als Sozialpartner mit eigenen Bedürfnissen respektiert werden. Deshalb sollte es feste Umgangsregeln geben. Beispielsweise muss ein Hund an seinem Rückzugsort, beim Schlafen oder Fressen in Ruhe gelassen werden. Insbesondere bei kleinen Kindern ist es nötig, den Liegeplatz vom Kind abzugrenzen. Gute Dienste leisten hierfür Türgitter, die Durchgänge versperren, ohne den Hund ganz wegzusperren.

KIND-HUND-ÜBUNGEN

Damit Hunde und Kinder entspannt miteinander auskommen, sollten Kinder den richtigen Umgang mit Hunden lernen. Beispielsweise können sie unter Aufsicht das Futter geben, wenn der Hund vorher gelernt hat, im Sitz auf die Freigabe des Napfes zu warten. Auch Suchspiele eignen sich hervorragend, wenn das Kind ein Futterstück oder ein Spielzeug versteckt und den zuvor wartenden Hund dann mit „Such" losschickt. Beim Streicheln des Hundes ist unbedingt auf die Körpersprache des Hundes zu achten und bei Zeichen von Unsicherheit oder Ausweichen damit aufzuhören. Gar nicht geeignet sind Rauf-, Renn- oder Zerrspiele, da diese schnell in (wenn auch meist spielerisches) Beißen und Anspringen übergehen.

DIE WICHTIGSTEN REGELN

- Anfassen und Spielen findet immer nur unter Aufsicht und Anleitung durch den Hundebesitzer statt, vorher immer um Erlaubnis fragen.
- Eine gute Beziehung entsteht nur, wenn diese nicht auf Herumkommandieren basiert.
- Auf die Körpersprache achten und erkennen, was der Hund mag und was nicht.
- Bedrohungen vermeiden, wie z.B. durch Umarmen, Drüberbeugen oder Anstarren.
- Nicht in spielerische oder ernsthafte Raufereien unter Hunden eingreifen.
- Nicht vor einem Hund weglaufen.
- Hunde nicht beim Fressen, Schlafen und an ihrem Rückzugsort stören.

HUND UND HUNDE

Es gibt viele Gründe, zwei oder sogar mehrere Hunde zu halten. Und es gibt auch Argumente dagegen. Auf jeden Fall sollte sich jeder, der einen Hund hat, gut überlegen, ob die Haltung mehrerer Hunde zum eigenen Leben passt.

MEHRKOSTEN

Angefangen mit den schönen Seiten: Zwei oder mehr Hunde kommen in den Genuss, gemeinsam mit Artgenossen zu leben. Das bedeutet gemeinsames Spielen, gegenseitiges Fellknabbern, Kontaktliegen – wenn alles gut läuft und sie sich gut verstehen. Und das ist nur dann der Fall, wenn die Hunde gut zueinander passen und alle Ressourcen angemessen unter allen aufgeteilt werden. Das muss wiederum der Hundehalter sicherstellen, was einige Erfahrung, viel Aufmerksamkeit und noch mehr Zeit voraussetzt. Er trägt auch die höheren Kosten der Mehrhundehaltung. Die Hundesteuer steigt deutlich an. Die Kosten für Futter, Impfungen, Zecken- und Wurmmittel sowie für Routineuntersuchungen fallen entsprechend höher aus. Auch das Krankheitsrisiko und die folgenden Behandlungskosten steigen mit jedem Hund, nicht zu vergessen das Futter. So gut sich die Hunde auch verstehen mögen, wenn es um Ressourcen geht, herrscht ein interner Machtkampf. Folglich sollte jeder Hund seinen eigenen Bereich haben. Auch das Auto sollte groß genug sein, um alle sicher und komfortabel unterzubringen.

ZEITFAKTOR

Passen alle Hunde problemlos in den Haushaltsplan, rückt der zeitliche Faktor in den Fokus. Manche Hundehalter glauben, sie würden Zeit sparen, wenn sie ihrem Hund einen Spielgefährten kaufen. Die beschäftigen sich dann ganz alleine miteinander. Manchmal wird das vorübergehend der Fall sein. Meistens stehen jedoch zwei Hunde vor einem und fiebern nach Aufmerksamkeit. Auch für das Training sollte entsprechend mehr Zeit eingeplant werden. In der Erziehung braucht jeder Hund die volle Aufmerksamkeit seines Menschen. Dies gilt auch für hundesportliche Aktivitäten. Handelt es sich außerdem um Hunde mit pflegeintensivem Fell, schlägt auch das spürbar auf dem Zeitkonto zu Buche. Wenn all das nicht schreckt, steht einem Zweithund nichts im Wege.

BEZUGSPERSON

Außerdem sollte klar sein, dass in einem Mehrhundehaushalt jeder Hund eine feste Bezugsperson braucht. Das wird in den meisten Fällen dieselbe Person sein, nämlich diejenige, die fürs Futter, für die Erziehung und all die anderen hundespezifischen Dinge da ist. Die Idee, sich einen zweiten Hund zum Beispiel für den nie vor 20 Uhr zurückkehrenden Ehepartner anzuschaffen, misslingt mit Sicherheit. Der Hund wird ihn nicht als Bezugsperson einstufen, auch wenn er sich sicher über den Freizeitgast freut.

WER PASST ZU WEM?

Hinzu kommt die Frage, welche Hunde miteinander harmonieren. Sicher ist: Je mehr Ähnlichkeiten sie hinsichtlich des Alters, des Geschlechts und der Rasse aufweisen, desto größer ist das Konfliktpotenzial. Warum? Weil solche Hunde dieselben oder ähnliche Ressourcen interessieren und das kann für Zündstoff sorgen. Deshalb ist die Überlegung, gleich zwei Welpen aus einem Wurf zu nehmen, nicht unproblematisch. Solche Duos stiften sich oft gegenseitig zu Unfug an und haben mitunter Kontaktschwierigkeiten im Umgang mit anderen Hunden. Sie sind sich meistens selbst genug und neigen deshalb dazu, weitere Erfahrungen mit Artgenossen zu umgehen.

ERZIEHUNG UND AUSBILDUNG

Zwei Hunde sind sich schnell einig, leider nicht immer nur im Sinne des Menschen. Gemeinsam Hasen jagen, andere Hunde mobben, An-der-Leine-Pöbeln oder Grundstück bewachen und die Nachbarn verbellen, können schnell zu lustigen Hundehobbys werden. Wenn es beim ersten Hund mit der Erziehung hapert, erzieht sich der zweite nicht von selbst. Gerade am Anfang sollte man auch getrennt spazieren gehen und trainieren, bevor man mit beiden Hunden arbeitet.

Mehrhundehaltung kann gelingen, wenn Regeln befolgt werden und jeder Hund Beachtung bekommt.

PROBLEM-VERHALTEN

ANGST

Hunde leiden oftmals unter angeborenen oder erlernten Ängsten, die ihnen und ihren Menschen das Leben erschweren. Damit das Leben nicht zum Spießrutenlauf wird, gibt es einiges zu beachten.

ANZEICHEN VON ANGST

Eine zwischen den Hinterbeinen eingeklemmte Rute, Zittern, Hecheln, Speicheln, das Abwenden des Blicks, Harn- oder Kotabsatz sowie Fiepen bis hin zu schrillem Bellen gehören zu den körperlichen Signalen, die Angst ausdrücken können. Auch eine geduckte Körperhaltung, Weglaufen oder Erstarren sind typisch für diese Emotion. Oft sind die Pupillen des Hundes weit geöffnet oder das Augenweiß blitzt auf. Wobei nicht jeder Hund alle Signale zeigt und einzelne Signale nicht unbedingt für Angst sprechen müssen. Beim Erkennen von Angst zählt das Zusammenspiel aller körperlichen Signale und die Gesamtsituation, weshalb korrektes Einschätzen nicht immer einfach ist.

URSACHEN VON ANGST

Angst ist erst einmal nichts Schlimmes, sondern eine ganz natürliche Emotion des Hundes, die ihn vor Gefahren schützt. Sie ist somit wichtig für sein Überleben. Allerdings macht sich bei Hunden oft auch Angst breit, die der Halter in diesem Moment gar nicht zuordnen kann, weil er keine konkrete Gefahr erkennt. Für diese Ängste gibt es verschiedene Ursachen. Eine zu frühe Trennung von Muttertier und Wurfgeschwistern kann ebenso dahinterstecken wie eine zu strenge, den Hund überfordernde Erziehung. Auch Erlebnisse, die mit einem Kontrollverlust für den Hund einhergingen, können Ängste schüren. Dazu gehören unter anderem Übergriffe aggressiver Artgenossen, Unfälle oder nicht einschätzbare Umweltreize wie ein Feuerwerk. Auch Dinge, die der Hund während seiner Sozialisationszeit nicht (genügend)

Bei Angst wird oft eine geduckte Haltung mit

kennenlernen konnte, können ihm Angst bereiten, z. B. manche Menschen, Fahrzeuge oder Bodenbeläge. Hunde, die in reizarmer Umgebung aufwachsen, neigen eher zu Angstreaktionen, wenn sie auf Unbekanntes treffen.

HILFE DURCH DEN HALTER

Manchmal ist es gar nicht so einfach. Dann steigern sich Ängste bis hin zu einer Angststörung. Und oft trägt der Hundehalter unbewusst zu dieser Entwicklung bei, indem er selbst gestresst reagiert. Der gut gemeinte Versuch, den Hund mit Zureden zu beruhigen, bestätigt den Hund aber in seinem Glauben, dass Gefahr droht. Wenn der Halter nun auch noch die Leine kurzfasst und hektische Bewegungen macht, muss ja etwas dran sein an dem unguten Gefühl. Stattdessen sollte man bei ängstlichem Verhalten des Hundes von Anfang an ruhig und gelassen bleiben und ihm eventuell Körperkontakt anbieten. Liegt bereits eine Angststörung vor, muss ein erfahrener Hundetrainer ran. Der wird erkunden, in welcher Situation die Angst zum ersten Mal auftrat. Er sucht nach den auslösenden Reizen und überprüft, ob es sich um eine angeborene oder erlernte Form von Angst handelt. Wenn das Ignorieren der Angst ebenso wenig bringt, wie die gezielte Belohnung erwünschten Verhaltens, steht vielleicht eine schrittweise Desensibilisierung oder Gegenkonditionierung auf dem Trainingsplan. Dabei lernt der Hund, sich nach und nach in einer vormals Angst auslösenden Situation zurechtzufinden. Doch auch dabei sollte ein professioneller Trainer mit Schwerpunkt Verhaltenstherapie helfen.

angelegten Ohren gezeigt.

Durch Training können Hunde lernen, Schutz bei ihrem Menschen zu suchen.

PROBLEME MIT ANDEREN HUNDEN

Hat ein Hund Stress mit anderen Hunden, verwandelt sich der Spaziergang schnell in eine Zitterpartie. Durch ein individuell abgestimmtes Training kann man dagegen etwas tun.

Probleme mit anderen Hunden bedeutet Stress für jeden Hundehalter und natürlich für den Hund, weshalb umgehend ein professioneller Trainer eingeschaltet werden sollte, falls es mit anderen Hunden immer wieder Ärger gibt. Wenn ein Hund den Kontakt zu Artgenossen meidet oder sich Zähne fletschend auf sie stürzt, liegt etwas im Argen. Die Vorbeugung solcher Probleme beginnt im Idealfall damit, dass der Hundehalter seinen Familienzuwachs in eine gute Welpenspielstunde bringt, damit der Sozialkontakt zu gleichaltrigen Hunden nach der Trennung von den Wurfgeschwistern nicht abreißt. Auch danach sollten Hunde regelmäßig, am besten täglich, Kontakt zu Artgenossen haben. Zu sorgfältig sozialisierten Hunden versteht sich, denn wenn der gut gemeinte Kontakt im ständigen Mobbing oder in einer wüsten Beißerei endet, ebnet das wiederum erst den Boden für mögliche Probleme mit anderen Hunden. Aktive Vorbeugung heißt auch, ausreichend Zeit in eine solide Erziehung des Hundes zu stecken. Denn wenn er mit seinem Menschen spazieren geht und dann gegen dessen Willen andere Hunde bedroht oder sogar attackiert, kann das auch ein Zeichen mangelnden Gehorsams sein. Der Hundehalter sollte in der Lage sein, unerwünschtes Verhalten seines Hundes zu kontrollieren.

Unsicherheit ist häufig die Ursache einer solchen Pöbelei.

HÄUFIGE URSACHEN

Eines vorab: Es gibt zahlreiche Ursachen für Aggression. Unabhängig von der Ursache ist Aggression immer ein Grund, umgehend einen erfahrenen Trainer aufzusuchen. Und: Hunde wollen nicht unbedingt mit jedem anderen Vierbeiner spielen. Aus Schweden

Im Training können Hunde lernen, dass die Begegnung mit einem „Feind" auch ruhig verlaufen kann.

stammt ein zunehmend bekannter werdendes Projekt zu diesem Thema: Hunde, die nicht spielen wollen, werden von ihren Haltern mit einer gelben Schleife gekennzeichnet (Infos unter www.gulahund.de).

Probleme mit Hunden können aus vielen Situationen heraus entstehen. Oft sind es Beißunfälle, die mit Schmerzen und Verletzungen einhergehen und sich ins Bewusstsein des Hundes eingraben. Auch selbstbewusste unkastrierte Hündinnen zeigen sich mitunter unverträglich mit anderen Hündinnen. Sie wittern Konkurrenz und wollen alle Ressourcen für den eigenen Nachwuchs absichern. Deshalb fackeln sie unter Umständen nicht lange, wenn sich ihnen Mitbewerberinnen in den Weg stellen. Besonders während der Läufigkeit ist es für sie wichtig, ihre Ressourcen zu schützen. Auf der anderen Seite zeigen sich auch viele Rüden Geschlechtsgenossen gegenüber reizbar. Bei ihnen setzt dieses Verhalten oft mit der Geschlechtsreife ein. Es geht also los, sobald der Rüde beim Urinabsatz sein Hinterbein hebt und mit der weiblichen Hundewelt liebäugelt. Ab dann sind andere Rüden Konkurrenten. Treffen sie aufeinander, steht meistens erstmal Imponiergehabe auf dem Programm. Manchmal entwickelt sich daraus ein Kommentkampf, der mit einer beeindruckenden Lärmkulisse einhergeht. Jetzt zeigen die Rüden auch handfestes Aggressionsverhalten, es geht jedoch nicht um eine ernsthafte Verletzungs- oder gar Tötungsabsicht des Gegners. Allerdings geht es auch nicht um eine Rangordnung, denn die kann nur innerhalb eines Haushalts festgelegt werden.

LÖSUNGSMÖGLICHKEITEN

Bestehen bereits Probleme, müssen Hund und Halter schrittweise lernen, sie abzubauen. Unter Umständen sollte der Hund erstmal eine Zeit lang mithilfe einer Schleppleine daran gehindert werden, Hör- und Sichtzeichen seines Halters zu ignorieren. Bestehen die Probleme weiter: unbedingt einen Profi hinzuziehen. Ein guter Hundetrainer kann die Situationen objektiv einschätzen, erkennt die möglichen Ursachen und gibt Ihnen ein individuelles Trainingskonzept für Sie und Ihren Hund an die Hand. Er beantwortet Ihre Fragen und begleitet den weiteren Verlauf.

AGGRESSION

Aggressives Verhalten gehört zum Normalverhalten von Hunden. Es dient dazu, auf einen Konflikt zu reagieren. Damit es nicht unkontrolliert auftritt, müssen Besitzer ihre Hunde richtig einschätzen.

Aggression ist ein normales Verhalten. Es dient dazu, sich und seine Ressourcen zu verteidigen und Distanz zu erzeugen.

(K)EINE GEFAHR FÜR ANDERE

Eine aggressive Reaktion muss nicht zwangsläufig in eine spektakuläre Auseinandersetzung münden. Wenn ein Morgenmuffel seine Mitmenschen annörgelt, weil er sich von ihnen genervt fühlt, ist das bereits Aggressionsverhalten. Doch auch wenn aggressives Verhalten zu den ganz normalen Verhaltensweisen eines Hundes gehört, darf er damit dennoch keinen Schaden anrichten. Weder an Menschen, noch an anderen Tieren.

Die Sachlage ist somit klar. Dennoch gibt es ganz unterschiedliche Reaktionen auf dieses Aggressionsverhalten. Manche Ämter erklären einen Hund offiziell als gefährlich, weil er ein Reh gejagt hat. Natürlich darf er das nicht, aber ist dieses Verhalten ein Zeichen für Gefährlichkeit? Andererseits gibt es Hundehalter, deren Vierbeiner andere Menschen beißen, und die sich danach nicht einmal um den Geschädigten kümmern und den Zwischenfall abtun. Unverständlich, wie auch die Behauptung, manche Rassen seien gefährlicher als andere. Es gibt Verhaltensunterschiede, aber die Gefährlichkeit eines Hundes basiert auf zwei Faktoren:

- Mangelnde Kontrolle des Halters über den Hund, wenn auch nur kurzzeitig,
- fehlerhafte Einschätzung der Situation durch den Halter.

Der Besitz einer Ressource kann schnell zu einer Verteidigungsreaktion führen.

GEGEN WEN WIRD AGGRESSION GEZEIGT?

Hunde zeigen offensives und defensives Aggressionsverhalten. Der Unterschied ergibt sich aus der Emotion, die hinter dem Aggressionsverhalten steht. Ist es Angst, Frust oder Wut? Das Ergebnis kann jedoch dasselbe sein: So besteht sowohl bei einem sicheren als auch bei einem unsicheren Hund, der sich aggressiv verhält, die Gefahr, dass er zubeißt. Dennoch ist es wichtig, den Unterschied zu erkennen, denn nur dann kann eine gezielte Therapie auch greifen.
Die gängige Einteilung und die dazugehörigen Erklärungen für Aggressionsverhalten bergen das Risiko der Einseitigkeit. Meistens steht im Fokus, gegen wen sich die Aggression richtet. Mal ist es der eigene Besitzer, mal sind es fremde Personen oder andere Hunde. Aggressionsverhalten gegenüber anderen Tieren ist vergleichsweise selten. Meist handelt es sich dabei um Jagdverhalten, z. B. bei Übergriffen auf Katzen.

URSACHEN

Als häufige Ursachen für Aggressionsverhalten werden folgende genannt: Ressourcen bedingte Aggression, Angstaggression, hormonelle oder organische Ursachen, Territorialverhalten, familiär bedingte genetische Einflüsse oder umgerichtete Aggression.
Die Fokussierung auf einen dieser Punkte kann aber in eine Sackgasse führen, weil sie zu einem einseitig ausgerichteten Training verleitet.

ZIEL EINER AGGRESSION

Die Zielsetzung ist hierbei stets gleich: Es geht darum, zum Gegenüber Distanz herzustellen. Zieht man die Hand zurück, geht einen Schritt rückwärts oder der Jogger läuft weiter, hat der Hund sein Ziel erreicht, er hatte Erfolg mit seinem Verhalten. Und jeder Erfolg führt dazu, dass der Hund das Verhalten in Zukunft häufiger zeigt.

Das Verteidigen eines Territoriums führt bei vielen Hunden oft zu einem Erfolgserlebnis und ist deshalb selbstbelohnend.

Zur Analyse und Lösung eines Aggressionsproblems sollte man unbedingt den Rat eines auf Verhaltensprobleme spezialisierten Tierarztes oder eines zertifizierten Hundetrainers einholen. Durch eine gründliche Erhebung der Vorgeschichte und die Beobachtung der Verhaltensweisen des Hundes in verschiedenen Situationen kann man die Emotionen des Hundes erkennen und einen entsprechend individuellen Trainingsplan erarbeiten.
Das frühzeitige Erkennen und Reagieren in brenzligen Situationen ist ebenso wichtig wie das Erkennen der kleinsten Stress- oder Drohsignale des Hundes. Da aggressives Verhalten in verschiedenen Eskalationsstufen auftritt, ist schon das Erkennen der ersten Stufe wichtig. Dabei handelt es sich um Drohfixieren, bei dem der Hund die Muskulatur anspannt und einen starren Blick auf oder sogar am bedrohten Gegenüber vorbei zeigt. Dies läuft meist ohne Knurren oder Bellen ab und wird deshalb oft übersehen.

STRATEGIEN DER KONFLIKTLÖSUNG

Wenn Hunde sich bedroht fühlen, haben sie verschiedene Möglichkeiten darauf zu reagieren. Man bezeichnet diese auch als Konfliktlösungsstrategien. Aus dem Englischen werden sie auch als die 4 F's abgekürzt. Es sind Fight (Angriff), Flight (Flucht), Freeze (Erstarren) oder Flirt (soziale Annäherung). Welche Strategie ein Hund in der jeweiligen Konfliktsituation bevorzugt, ist unterschiedlich und hängt sehr stark von dessen Erfahrungen ab. Aber auch die Gegebenheiten in der Situation sind entscheidend. Insbesondere der Abstand und die Möglichkeit auszuweichen, spielen eine entscheidende Rolle. Deshalb sollte man als Hundehalter wissen, wann der Hund einen Konflikt empfindet, damit er die Chance hat, auszuweichen (Flight) oder sozial zu agieren (Flirt).

In Ruhe fressen dürfen und ab und zu gegen etwas Besseres tauschen. So bleibt der Hund entspannt.

AGGRESSION VERMEIDEN

Um der Entstehung von Aggressionsproblemen von Anfang an entgegen zu wirken, sollte man einige Dinge beachten. Da Hunde gerade im ersten Lebensjahr die grundlegenden Erfahrungen in ihrem Konfliktempfinden sammeln, ist ein sensibler Umgang damit erforderlich. Wenn ein Junghund in bestimmten Situationen besonders unterwürfiges oder ausweichendes Verhalten zeigt, schlägt dies im späteren Leben öfter in aggressive Reaktionen um. Dies gilt es durch gutes Beobachten und Gegensteuern zu vermeiden.

HUNDEBEGEGNUNGEN

Ein Klassiker ist hier die Begegnung zweier Hunde an der Leine, bei der ein unsicherer Welpe von fremden Artgenossen drangsaliert wird und nicht ausweichen kann. Die Unmöglichkeit auszuweichen provoziert ein Konfliktempfinden, das der Hund von klein auf in diesen Situationen lernt. Trifft er später auf Artgenossen, wird dieser Konflikt dann oft mit Angriffsverhalten gelöst. Deshalb ist es besser, wenn schon beim Welpen darauf geachtet wird, dass dieser ausreichend ausweichen kann, nicht überfordert wird und trotzdem genügend positive Kontakte zu sozial kompetenten Hunden bekommt. Nicht zuletzt bilden diese Kontakte die Referenz für den Umgang mit fremden Artgenossen.

HANDLINGPROBLEME

Für manche Hunde stellt das Einengen durch den Menschen eine weitere typische Konfliktsituation dar. Dies kann z. B. beim Untersuchen, Eingeben von Medikamenten, bei der Fellpflege, beim Festhalten oder auch beim Abtrocknen der Pfoten passieren. Hierbei ist ein sogenanntes „Medical Training" hilfreich, bei dem der Hund schrittweise lernt, die Situationen stillhaltend und weniger konfliktreich zu akzeptieren.

RESSOURCEN-VERTEIDIGUNG

Auch das Verteidigen bestimmter Ressourcen ist eine Verhaltensweise, die im Zusammenleben mit einem Hund extrem gefährlich sein kann. Ein häufiger Auslöser hierfür ist der Besitz eines Kauknochens, den schon manche Welpen mit Knurren und Schnappen verteidigen. Zieht man sich jetzt zurück und überlässt die Beute dem jungen Hund, war diese Strategie erfolgreich. Stattdessen sollte der Welpe zügig und oft eine positive Erfahrung mit der Annäherung eines Menschen machen, wenn er gerade frisst. Deshalb führt das Anbieten von hochwertigerem Futter zum Ausgeben und Verlassen der Ressource zum Erfolg, auch wenn der Hund den Kauknochen am Ende behalten darf.

JAGEN

Jagen macht Spaß. Davon sind viele Hunde überzeugt, denn Jagen ist selbstbelohnend. Trotz Familienanschluss sind unsere Hunde immer noch Raubtiere mit mehr oder weniger starker Ausprägung.

GLÜCKLICH AUF DER SPUR

Jagen bedarf keines freudigen „Prima“ von Seiten des Besitzers. Auch keines verführerisch duftenden Hundekekses. Alleine die Verfolgung von Fährte oder Beuteobjekt ist eine himmlische Belohnung und macht vor allem Lust auf mehr. Um Nahrungsbeschaffung geht es beim meist gut genährten Familienhund in der Regel nicht, sondern einzig und allein um den unvergleichlichen Spaß. Der Hundehalter sieht das meist ganz anders. Er versucht verzweifelt, die Leine seines eifrigen Jägers fest zu umklammern, wenn der mal wieder ein Objekt der Begierde entdeckt. Frei laufen lassen gelingt allenfalls mit Bauchschmerzen, denn wenn der Jagdfanatiker eine Fährte aufnimmt oder eine Katze davonflitzt … dann ist es vorbei.

Als Jagdgebrauchshund dürfen die wenigsten Hunde arbeiten, auch wenn sie entsprechend veranlagt sind.

ALTERNATIVEN ZUR JAGD

Das bedeutet Stress für den nicht jagenden Hundehalter und deshalb steht bereits vor der Anschaffung des Hundes eine logische Überlegung an: Muss der Welpe der Wahl unbedingt einer auf jagdliche Hochleistung gezüchteten Rasse entspringen? Entscheidet man sich dafür, sollten dem Hund Alternativen geboten werden, bei denen er seine angeborenen Fähigkeiten ausleben kann. Und die gibt es, angefangen mit der Dummyarbeit, die Retrievern entgegenkommt. Fährtenarbeit oder Mantrailing begeistert alle Spürnasen. Bis hin zu anderen sportlichen Aktivitäten, die Kopf und Körper des Hundes fordern. Außerdem festigt das gemeinsame „Jagen" mit dem Besitzer die Beziehung zwischen Mensch und Hund.
Hüten ist übrigens modifiziertes Jagen. Auch Hütehunde aus Leistungslinien oder Gebrauchshunde mit starker Hetzkomponente, wie z. B. Malinois, jagen. Wenn ein Welpe interessiert einen Vogel beobachtet, ist das bereits Jagdverhalten. Diese Situation lässt sich zum Rückruftraining nutzen.
Es gibt viele Trainingsmethoden, die unerwünschtes Jagdverhalten in kontrollierbare Bahnen lenken sollen. Nicht alle sind gut und wirksam. Ein effektives Training zeichnet sich durch eine gute Struktur aus, die Schritt für Schritt, mit allen jagdlichen Anteilen, das Problem löst. Einfach in den Wald zu gehen und den Hund abzustrafen, wenn er jagt, löst das Problem nicht. Und es ist auch nicht fair gegenüber dem Hund.
Hunde aus südlichen Ländern, die sich in der Vergangenheit überwiegend selbst ernähren mussten, haben häufig massive Jagdprobleme. Was das bedeutet und wie hartnäckig dieses Problem sein kann, ist den meisten Haltern, die einen Tierschutzhund aus dem Süden aufnehmen, nicht bewusst. Dennoch: nicht verzweifeln, sondern das Problem angehen.

Die Bewegung des potenziellen Beutetieres stimuliert zum Jagen.

Haarwild, wie Reh oder Hase, wird auch mit der Nase verfolgt.

Das Verfolgen in Höchstgeschwindigkeit wird Hetzen genannt.

TRENNUNGSBEZOGENE PROBLEME

Wenn Hunde nicht lernen konnten ohne ihre Menschen zu sein, sind sie dadurch gestresst. Manche Hunde bellen oder jaulen stundenlang, andere zerlegen die komplette Einrichtung in kleine Stücke.

Alle handeln aus demselben Antrieb: Sie kommen nicht damit zurecht, allein zurückzubleiben. Oft sind es empörte Nachbarn, die sich beschweren und den Hundehalter auf das Problem seines Hundes hinweisen. Oder es sind Urin- und Kotspuren im Haus, auch Speichelflecken können ein Indiz sein. Oder eine zerstörte Wohnungseinrichtung. Denn so verwunderlich es klingt: Längst nicht jedem Hundehalter ist bewusst, was für einen Stress das vorübergehende Alleinsein bei seinem Vierbeiner verursacht. Auch starkes Hecheln und ein erschöpfter Gesichtsausdruck weisen auf trennungsbezogene Probleme hin.

URSACHEN

Doch woher kommen diese Probleme? Bei einem Welpen ist die Angst vor dem Alleinsein erstmal völlig normal. Er braucht die Nähe seiner Bezugsperson, um selbstbewusst die ersten Schritte ins Leben zu wagen.

Wenn ein erwachsener Hund Probleme mit der Trennung von seinem Besitzer hat, liegt dem meistens eine der beiden folgenden Ursachen zugrunde: Entweder hat er nie gelernt, mit dem Alleinbleiben umzugehen, oder er leidet unter der Tatsache, seinen Besitzer nicht mehr kontrollieren zu können. Gute Hundetrainer ergründen die Ursache der trennungsbezogenen Probleme genau, denn danach richtet sich der Trainingsplan. Der kann jedoch auch nicht zum Ziel haben, dass der Hund demnächst ohne Protest Rekordzeiten alleine zu Hause verbringt. Aber vorübergehend mal alleine bleiben, ohne gleich auszurasten ... das sollte er nach einem erfolgreichen Training meistern.

TRAINING

Das Training erfolgt in vielen kleinen Schritten. Es kostet Zeit und Geduld, lohnt sich aber hinsichtlich der Aussicht, anschließend für viele Jahre einen Hund zu haben, der

Direkt hinter der Eingangstür fällt betroffenen Hunden das Warten ganz besonders schwer …

… und die Aufmerksamkeit fokussiert sich so sehr auf die Wiederkehr, dass sie sich dabei sehr stark aufregen.

nicht gleich ausflippt, wenn er mal alleine bleiben muss. Folgende Grundregeln sind Erfolg versprechend:

Lasten Sie den Hund vor dem Training aus, damit er müde und zufrieden ist.

Anfangs verlässt der Hundehalter das Haus nur einen Augenblick lang und kommt gleich wieder herein. Die Zeiten des Fernbleibens werden über Wochen hinweg langsam gesteigert, machen Sie keine großen Zeitsprünge. Bellt oder jault der Hund wäre es ideal, einen Zeitpunkt der Stille zu wählen, um zurückzukommen. Wenn das klappt, prima. Falls nicht, kehrt der Hundehalter zurück, ignoriert den Hund vorerst, damit keinesfalls der Eindruck entsteht, er wäre aufgrund des Lärms umgekehrt.

Bei der Rückkehr keine Freudentänze aufführen. Überschwängliche Begrüßungszeremonien steigern die Erwartungshaltung des alleine zurückbleibenden Hundes und können Fehlverhalten fördern.

Vor dem Verlassen des Hauses keine typischen Rituale veranstalten. Das Klingeln des Schlüsselbunds, der Griff zur Jacke – all das sind für den Hund Signale, dass sein Mensch gleich geht und somit Stressfaktoren. Um dem entgegenzuwirken, einfach öfter mal zu Schlüssel und Jacke greifen, ohne anschließend das Haus zu verlassen und – zumindest in der ersten Zeit – vor dem Fortgehen möglichst ganz unterschiedliche Dinge tun.

Richten Sie dem Hund zu Hause ein gemütliches Plätzchen ein und bestücken Sie es mit einem tollen Kauspielzeug, das möglichst lange hält und für den Hund ungefährlich ist.

Treten trotzdem weiterhin Probleme auf, sollte professionelle Hilfe hinzugezogen werden.

NICHT GERN ALLEIN

Grundsätzlich sollte man sich keinen Hund anschaffen, wenn von Anfang an klar ist, dass man täglich mehr als vier Stunden lang ohne Hund außer Haus verbringt. Auch die Anschaffung von zwei Hunden löst dieses Problem nicht. Ein Zweithund ersetzt keinesfalls den Sozialpartner Mensch.

PUBERTÄT

Die Pubertät ist eigentlich kein Problem des Hundes, sondern eine ganz normale Entwicklungsphase. Dennoch verursacht sie zwischen Hund und Halter oft viele Probleme.

DER ÜBERGANG ZUM ERWACHSENEN HUND

Die Pubertät rückt zunehmend ins Interesse von Verhaltensbiologen und Hundetrainern. Denn die Pubertät eines Hundes ist eine ganz spezielle Zeit. Mit einsetzender Pubertät beginnt die letzte sensible Phase. Erwachsene Tiere, vor allem gleichgeschlechtliche, scheinen nun verstärkt Einfluss auf den Pubertierenden zu nehmen und damit sein zukünftiges Verhalten zu beeinflussen. Die Erforschung der Pubertätsphase bei Hunden steckt jedoch noch in ihren Anfängen. Dennoch ist bekannt, dass es während der Pubertät zu Verhaltensänderungen des Hundes kommt, die sich auch auf den erzieherischen Umgang mit ihm auswirken. Auf jeden Fall ist nun bei allem Verständnis Konsequenz angebracht. Der Hund muss lernen, auf seinen Besitzer zu hören, auch wenn ihm der Sinn gerade nach anderen Dingen steht.

Das Pinkeln mit erhobenem Bein beginnt in der Pubertät.

DAUER UND ANZEICHEN

Der Zeitraum der Pubertät wird wissenschaftlich mitunter auf den Zeitraum zwischen dem sechsten Lebensmonat und dem Einsetzen der Geschlechtsreife festgelegt. Doch die pubertätstypischen Verhaltensweisen von Hunden zeigen sich oft, bis sie auch geistig wirklich erwachsen sind. Und das kann bis zum dritten Lebensjahr oder sogar noch länger dauern. Der Hundehalter erkennt zweifellos, ob sein Hund in der Pubertät ist oder nicht. Er wird bereits Gelerntes plötzlich ignorieren. Das Überhören bekannter Hörzeichen hat in der Regel nichts mit Hörproblemen zu tun. Wie auch das sture Ausklinken aus Trainingsabläufen, z. B. auf dem Agilityplatz oder bei der Fährtenarbeit. Das Anspritzen verschiedener Gegenstände mit Urin kommt genauso vor wie plötzliches Verteidigen von Ressourcen. Andererseits entwickelt der Hund auf einmal eine ungeahnte Empfindlichkeit. Er zuckt bei lauten Geräuschen zusammen, flieht vor einer friedlich grasenden Schafherde und erweckt der Umwelt gegenüber den Eindruck,

Höher, schneller, weiter ... In der Pubertät steigt das Interesse an äußeren Reizen zu Ungunsten des Gehorsams.

er hat auch noch Angst vor seinem Besitzer und traut auch sonst keinem.

Damit nicht genug: Beherrschte der Vierbeiner vorher tadellos die Leinenführigkeit, führt er nun seinen Besitzer, sobald es irgendwo verführerisch duftet oder eine Markierung erforderlich ist. Statt Spielen ist nun Raufen mit anderen Hunden angesagt. Genau wie beim Zeitpunkt des Einsetzens der Geschlechtsreife gibt es auch hier große rassespezifische und individuelle Unterschiede. Dennoch wird sich die Pubertät zweifellos bemerkbar machen. Und sollte das in einer Form geschehen, die das Zusammenleben mit dem Hund und den Umgang mit der Umwelt stark belastet, sollte man professionelle Hilfe hinzuziehen.

DAS WAR NICHT ALLES ...

Die aufgeführten Probleme sind nur einige der möglichen Verhaltensprobleme, die Hundehalter herausfordern. Darüber hinaus gibt es Hunde, die Probleme bei der Nahrungsaufnahme haben, also entweder schlecht fressen oder Dinge verzehren, die gar nicht zum gesunden Ernährungsplan gehören – wie Kot, Taschentücher oder Plastik. Auch Probleme beim Autofahren sind verbreitet. Für alle Verhaltensprobleme gilt: umgehend einen Profi aufsuchen. Je länger man damit wartet, desto mehr verstärkt das Lernverhalten die Schwierigkeiten.

EIN ÜBERSCHÄTZTES PROBLEM

Überaktivität heißt das Schreckgespenst, das bei vielen Hundetrainern für große Aufregung sorgt. Kleinste Erregungslagen des Hundes führen zu Irritation, was unbegründet ist. Hunde dürfen oft nicht mehr ausgelassen spielen, weil ihre Besitzer Angst vor erregten Hundegemütern haben. Dabei ist es wichtig, Hunde manchmal auch spielen und toben zu lassen. Hat der Besitzer tatsächlich ein Problem damit, das Temperament seines Hundes in den Griff zu bekommen, sollte er umgehend einen Hundetrainer hinzuziehen.

GESUNDHEIT, PFLEGE UND ERNÄHRUNG

Alter und Typ spielen beim Bewegungsdrang eine Rolle. Bullys sind auch mit kleineren Gassirunden zufrieden, …

DER BEWEGUNGSAPPARAT

Der Bewegungsapparat des Hundes ist der eines Jägers. Anpirschen, blitzschnelles Losspurten und Stoppen, Sprünge, ausdauerndes Schreiten oder Traben sind nur ein Bruchteil der Bewegungsvielfalt. Damit alles reibungslos läuft, gibt es einiges zu beachten.

Es ist beeindruckend, einen Hund im gestreckten Galopp dahinfliegen zu sehen. Aber auch sein kräfteschonender, federnder Trab, der flüssige Schritt und selbst der Passgang scheinen perfekt. Damit das so ist, hat die Natur vorgesorgt. Zum einen ist der Hund im Gegensatz zum Menschen ein Zehengänger. Seine Zehen berühren den Boden, die Mittelfußknochen stehen derweil senkrecht zum Boden. Menschen sind Sohlengänger, bei denen Zehen und Mittelfußknochen Bodenkontakt haben, was sie schwerfälliger macht. Hinzu kommt, dass Hunde dank einer sehr speziellen Verankerung der Vorder- und Hinterextremitäten am Rumpfskelett zu einem hoch funktionalen Bewegungsablauf fähig sind. Um einen optimalen Schub nach vorne zu ermöglichen, ist die Hinterhand – der eigentliche Motor des Hundes – starr mit dem Rumpfskelett verbunden. Da dieser Schub jedoch einer flexiblen Vorhand bedarf, die diese Kraft auffangen kann, gibt es keine starre Verbindung zwischen Vorderextremität und Rumpfskelett. Muskeln halten hier die Position und ermöglichen eine optimale Anpassung an die jeweilige Situation. Die flexible Verbindung zu Schulterblatt und Wirbelsäule federt selbst heftigste Bewegungen ab und fängt sie schonend auf. Beim Führen am Brustgeschirr sollte man deshalb darauf achten, dass die Bewegungsfreiheit der Schulter nicht eingeschränkt wird.

BEWEGUNG DEM ALTER ANGEPASST

Starke Belastungen des Bewegungsapparates sind nur etwas für ausgewachsene Hunde. Welpen und Junghunde sollten stets altersgemäß belastet werden. Anfangs reichen mehrere, sehr kurze Spaziergänge täglich. Mit zunehmendem Alter lässt sich der sportliche Anspruch entsprechend steigern. Wanderungen, Radtouren oder Ausritte mit Hund sind während der Wachstumsphase ungeeignet. Das gilt auch für rasante Hundesportarten wie Dog Frisbee, Flyball oder Agility, bei denen es mitunter zu starken Belastungen des Bewegungsapparates kommt. Schwimmen ist hingegen eine gute Auslastungsmöglichkeit für Hunde im Wachstum, weil es die Muskeln trainiert, ohne die Gelenke durch das Körpergewicht zu belasten.

... während Malinois zu den Sportskanonen zählen.

DAS GEBISS

Welpen haben nadelspitze kleine Zähnchen, das Milchgebiss. Gerade beim Erlernen der Beißhemmung bohren diese sich manchmal recht unsanft in die Haut. Erst mit Abschluss des Zahnwechsels ist das Hundegebiss vollständig ausgebildet.

Insgesamt 42 Zähne bilden das Gebiss eines erwachsenen Hundes. Beim Welpen sind es nur 28. Erst mit dem Zahnwechsel, der mit dem vierten Monat einsetzt und mit dem sechsten bis siebten Monat endet, vervollständigt sich das Gebiss. Im Oberkiefer sind dann sechs Schneidezähne, zwei Fangzähne und auf jeder Seite sechs Backenzähne zu sehen. Im Unterkiefer sind ebenfalls sechs Schneidezähne und zwei Fangzähne vorhanden. Allerdings gibt es hier beidseitig jeweils sieben Backenzähne. Bei den Backenzähnen unterscheidet man Prämolaren, Vormahlzähne, und Molaren, Mahlzähne. Im Oberkiefer des Hundes sind vier Prämolaren und zwei Molaren. Im Unterkiefer vier Prämolaren und beidseitig jeweils drei Molaren. Während die Fangzähne zum Ergreifen und Festhalten von Beutetieren dienen, helfen die Reißzähne beim Durchtrennen

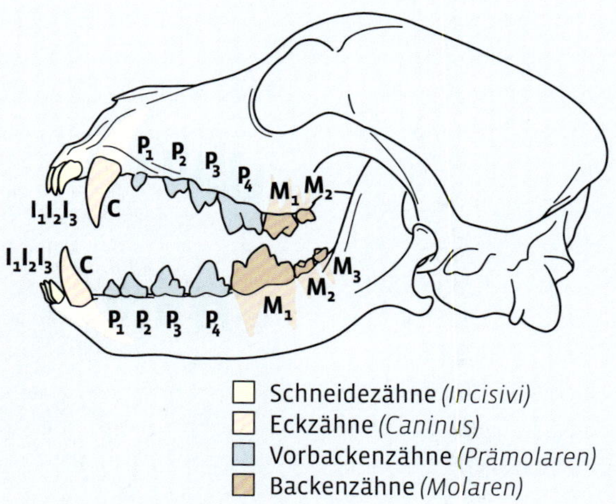

Das Gebiss eines erwachsenen Hundes hat 42 Zähne, im Milchzahngebiss eines Welpen sind es nur 28.

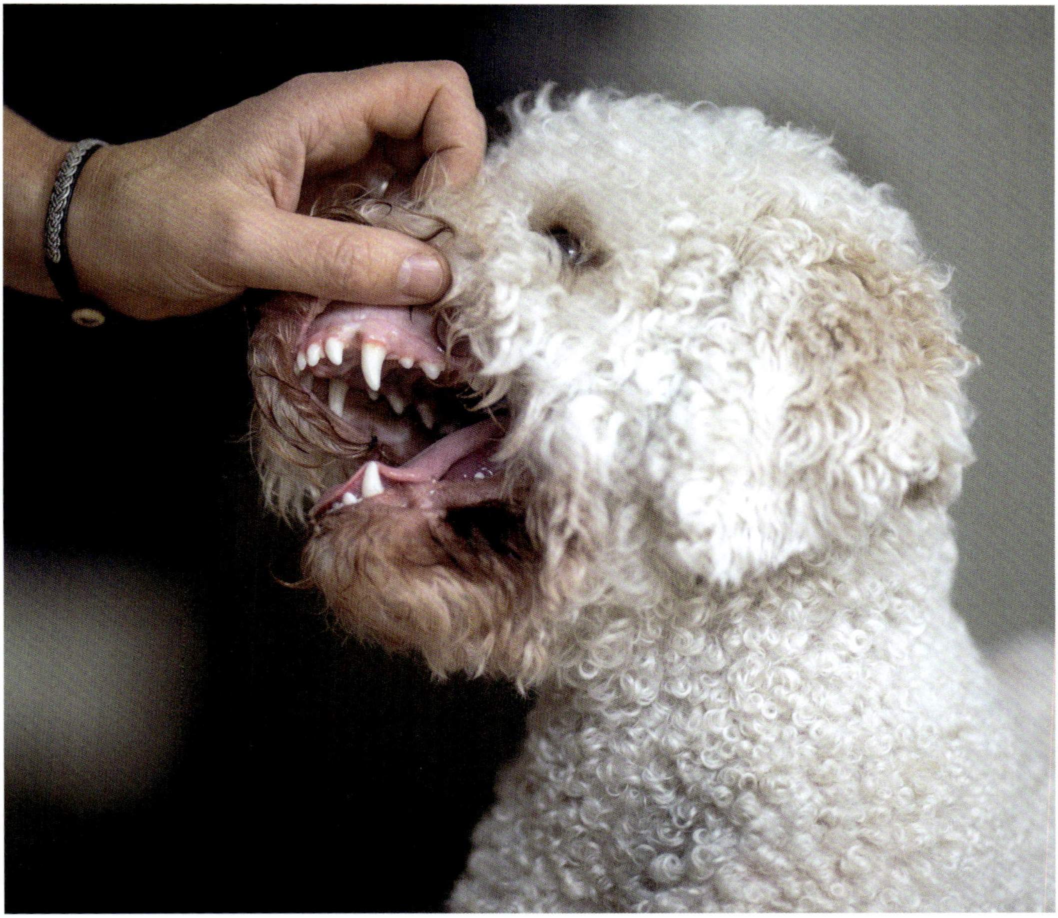

Gesunde Zähne sind wichtig für das gesamte Wohlbefinden des Hundes.

zäher Gewebeteile. Die Funktion der Reißzähne übernehmen der vierte Prämolar des Oberkiefers und der erste Molar des Unterkiefers.

ZAHNPFLEGE

Die Gesundheit der Zähne hängt von verschiedenen Faktoren ab. Die genetische Veranlagung spielt hierbei ebenso eine Rolle wie die Ernährung des Hundes und seine Pflege. Regelmäßige Zahnkontrollen sind sinnvoll. Falls erforderlich, sollte möglicher Zahnstein vom Tierarzt entfernt werden. Zahnpflege kann helfen, Zahnstein vorzubeugen. Es gibt sogar spezielle Hundezahnbürsten und Zahnpasta mit hundefreundlichem Geschmack und viele Hunde lassen sich gerne damit die Zähne reinigen. Auch Kauspielzeug mit reinigender Funktion kann die Zahngesundheit unterstützen.

GEPFLEGTES GEBISS

Das Gebiss des Hundes bedarf regelmäßiger Kontrolle. Zahnstein muss entfernt werden, weil der harte Belag verschiedene Folgeerkrankungen nach sich zieht. Es gibt spezielle Produkte für die Zahnpflege des Hundes. Bei der Gebisskontrolle fallen auch mögliche Zahnschäden auf, die durch das Kauen auf Steinen entstehen können, oder durch Holzstöcke verursachte Verletzungen des Maulinnenraums.

FÜTTERUNG UND VERDAUUNG

Trockene Bröckchen verschiedener Größe, saftige Happen, rohes Fleisch mit Obst und Gemüse – wenn es um die Fütterung des Hundes geht, gibt es viele Überzeugungen.

ANPASSUNG AN DEN BEDARF

Egal, für was sich der Hundehalter letztendlich entscheidet: Wichtig sind Zusammensetzung und Menge der Nahrung, die an den Bedarf des Hundes angepasst sein müssen. Dabei spielen Faktoren wie hohe körperliche Belastung, Trächtigkeit, Wachstum und vieles mehr eine Rolle. Fakt ist, dass heute die meisten Hunde in Deutschland zu dick sind. Und das bringt erhebliche gesundheitliche Probleme mit sich.

ALLEINFUTTERMITTEL

Am einfachsten und bequemsten ist die Fütterung mit Alleinfuttermitteln, also Fertignahrung mit entsprechendem Hinweis, dass keine Zufütterung erforderlich ist. Der Markt bietet eine Vielfalt hochwertiger Futtermittel verschiedener Preisklassen. Der Vorteil: Ein gutes Produkt enthält gut aufeinander abgestimmte Inhaltsstoffe, die Mangelerscheinungen oder einer Überversorgung vorbeugen. Es gibt Alleinfuttermittel für Hunde aller Größen und Altersklassen, außerdem Nahrung für hoch aktive oder weniger sportliche Hunde. Auch Diätfutter für Senioren, Allergiker und erkrankte Hunde unterstützt durch optimale Inhaltsstoffe. Trockenfutter erhöht den Flüssigkeitsbedarf des Hundes. Deshalb muss immer Trinkwasser zur Verfügung stehen.

BARFEN

Alternativ besteht die durchaus interessante und bei vielen Hundehaltern seit Jahren beliebte Möglichkeit, den Hund weitgehend mit roher Nahrung zu versorgen – aber mit Plan und das bedeutet: in enger Zusammenarbeit mit einem Tierarzt, der sich auf Ernährung spezialisiert hat. BARF lautet die Formel, die für Biologically Appropriate Raw Foods, also Biologisch Artgerechtes Rohes Futter steht. Dabei soll die natürliche Ernährung des Wolfes imitiert werden. Wobei der sich angesichts der ellenlangen BARF-Futtermittel-Tabellen wohl das Maul lecken dürfte: Was für ein Angebot! Fleisch von Rind, Pferd, Schaf, Ziege und Wild gehört dazu. Außerdem Huhn, Pute und Ente. Rohes Schweinefleisch dagegen darf Hunden nicht verfüttert werden, da sie sich mit dem Aujeszky-Virus infizieren können. Das Gemüse reicht von Blumenkohl bis hin zu Zucchini. Alles schmackhaft verfeinert mit

01

01 Eine rein vegetarische Ernährung ist für Hunde nicht artgerecht. Allerdings sind pflanzliche Inhaltsstoffe ein wichtiger Bestandteil der Gesamtration.

02 Im Gegensatz zum Wolf kann der Haushund Amylase bilden und ist somit in der Lage, auch Getreide als Kohlenhydratquelle zu nutzen.

03 Die Eiweißquelle sollte qualitativ hochwertig sein, um eine Belastung durch unverdauliche oder keimbelastete Inhaltsstoffe auszuschließen.

02

03

IDEALGEWICHT

In der Grafik sieht man von oben nach unten: einen stark untergewichtigen Hund, einen untergewichtigen, einen Hund mit Idealgewicht, einen leicht übergewichtigen und einen stark übergewichtigen Hund. Beim Idealgewicht sollten die Rippen des Hundes problemlos fühlbar sein.

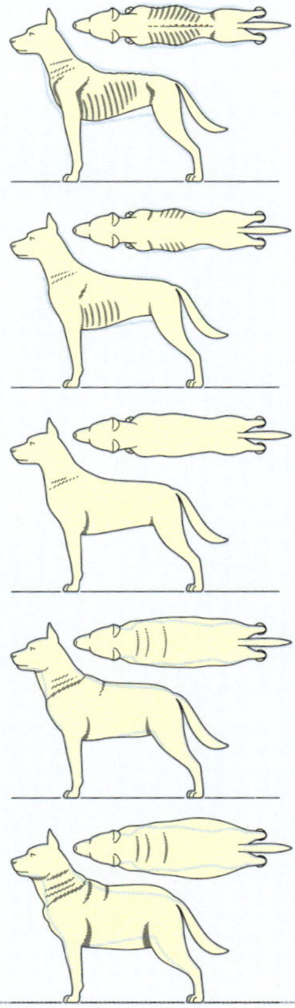

Kräutern, Getreide, Obst und Milchprodukten. Sicherlich eine sinnvolle Variante der Hundeernährung, wenn der Hundehalter bereit ist, sich intensiv mit der Ausgewogenheit der Rohkost zu beschäftigen, viel Frischfleisch einzulagern und regelmäßig selbst für den Hund in der Küche zu stehen.
Bei Rohfleischfütterung besteht ein Infektionsrisiko mit Salmonellen und Würmern. Fleisch, das der Rohfütterung dient, sollte schockgefroren werden. Es gibt Fertigprodukte für Barfer, die das sicherstellen.

NAHRUNGSRESTE

Wenn ein Hund gelegentlich Reste gesunder Nahrung abbekommt, die in der Küche übrigbleiben, wird ihm das in der Regel nicht schaden. Aber eine ausschließliche Ernährung mit Essensresten birgt die Gefahr der Unverträglichkeit und Mangelversorgung. Wer selbst für seinen Hund kochen möchte, kann das in Absprache mit einem Tierarzt, der sich auf Ernährung spezialisiert hat, anhand eines individuell erstellten Futterplans machen, ohne das Risiko einer Mangelversorgung einzugehen.

Die Ration sollte so abgemessen werden, dass der Hund eine schlanke Figur behält.

FÜTTERUNGSMENGE

Im ersten Lebensjahr sollten Hunde mehrmals täglich Futter erhalten. Anfangs dreimal, später zweimal. Ihr Magen hat noch nicht die Größe, um mit der Gesamtfuttermenge eines Tages auf einmal zurechtzukommen. Neueste Erkenntnisse zeigen, dass die gefürchtete Magendrehung nicht – wie bislang angenommen – vor allem nach körperlicher Belastung mit vollem Magen auftritt. Fakt ist, dass die meisten Magendrehungen nachts auftreten, wenn der Hund ruht. Dennoch ist das Füttern mehrerer kleinerer Portionen durchaus sinnvoll, weil der Mageninhalt dann schneller durchsäuert.
Ein typisches Symptom für eine Magendrehung ist eine aufgeblähte Hungergrube, das ist die schlankste Stelle des Hundes, die bei Durst oder Stress schnell einfällt. Außerdem können Unruhe, starkes Hecheln und erfolglose Versuche zu erbrechen, Anzeichen für eine Magendrehung sein. Jetzt keine Zeit verlieren, sondern den Hund sofort in die nächste Tierklinik bringen.

KOT

Der Kot eines gesunden Hundes kann abhängig vom Futter fester oder weicher sein, in der Farbe von hell- bis dunkelbraun und in der Stärke der Geruchsintensität variieren. Auf jeden Fall ist er formstabil. Tritt Durchfall auf, der Blut enthält oder länger als einen Tag lang andauert, besser den Tierarzt aufsuchen.

DIE SINNE DES HUNDES

Wenn es um die Sinne des Hundes geht, handelt es sich um die Sinnesleistungen eines Jägers. Ob Teckel oder Deutsche Dogge – Hunde haben bei all ihrer Vielfalt nach wie vor eine ganze Menge vom Urvater Wolf.

SPEZIALIST FÜR LEISE TÖNE

Hunde haben – im Gegensatz zu Menschen – voll bewegliche Ohrmuscheln und hören über vielfach weitere Distanzen als Menschen. Der Frequenzbereich von 15 bis 50.000 Hertz ermöglicht Hunden, Frequenzen im Ultraschallbereich wahrzunehmen. Daran sollte man denken, bevor das nächste „Hier" wieder mit ohrenbetäubender Lautstärke über die Hundewiese hallt. Das feine Gehör dient der frühen Gefahrenabwehr, was bei Hunden oft zu Reaktionen wie Bellen führt, zu einem Zeitpunkt, an dem der Hundehalter noch gar keine Ursache erkennt. Frequenzen im Ultraschallbereich, minimale Unterschiede in den Tonhöhen – Hunde leben in einer akustischen Erlebniswelt, die Menschen nur erahnen können. Logisch, dass sie das Auto ihrer Bezugsperson aus Hunderten heraushören und genau wissen, ob es bekannte oder unbekannte Schritte sind, die sich gerade der Haustür nähern.

DIE WELT DER GERÜCHE

Ähnlich verhält es sich mit dem Geruchssinn. Was sind fünf Millionen Geruchsrezeptoren gegenüber 200 Millionen? Diese hohe Anzahl steht Hunden im Vergleich zur menschlichen Nasenleistung zur Verfügung. Es muss eine Flut an Duftnoten sein, die Hunde bei einem Spaziergang auswerten. Wenn ihr Mensch nach Hause kommt, können sie ihn mit der Nase lesen. Kleinste Geruchsmoleküle und Hautpartikel spüren Hundenasen auf. Außerdem gibt es beim Hund im harten Gaumen das Jacobson'sche Organ, auch Vomero-Nasal-Organ, mit dem vor allem Pheromone wahrgenommen werden.
Das geschieht beispielsweise, wenn Rüden den Urin von Hündinnen auflecken und

Von Hunden werden vor allem Bewegungen gesehen.

Ein Zusammenspiel aller Sinne ermöglicht es dem Hund, seine Umwelt in allen Feinheiten wahrzunehmen.

dann mit den Kiefern klappern und speicheln. Dabei drücken sie den Geruch ins Jacobson'sche Organ, in dem die arttypischen spezifischen Geruchssignale verarbeitet werden, die sogenannten Pheromone. Diese Geruchsstoffe sind für die soziale Kommunikation unter Hunden sehr bedeutsam. Durch Schnüffeln aneinander oder an Markierungen werden wichtige Informationen übermittelt, wie z. B. das Alter, das Geschlecht, der Reproduktionsstatus und sogar Stress und Angst. Deshalb schnüffeln und markieren Hunde besonders viel im direkten Kontakt, beim Vorbeigehen aneinander, an den Urin- und Kotmarkierungen und sogar an den Pfotenabdrücken von Artgenossen. Neben den Pheromonen können Hunde weitere Gerüche mithilfe Hunderter anderer Rezeptoren verarbeiten. Dies dient z. B. zum Aufspüren von Nahrung, indem die Spur eines Beutetieres verfolgt wird.

ALLES IM BLICK

Was die Sehleistung angeht, hat der Mensch dem Hund auf den ersten Blick etwas voraus. Er sieht weitaus schärfer. Doch dafür ist das Hundeauge wiederum überdurchschnittlich auf das blitzschnelle Wahrnehmen von Bewegungen ausgerichtet. Und auch in der Dämmerung schlägt es das menschliche um Längen. Das gilt auch für das Gesichtsfeld, das 250 Grad abdeckt und somit rund 60 Grad größer ist als das des Menschen. Die Überlappung des Gesichtsfelds des rechten und des linken Auges ermöglicht es, die Entfernung zu einem Objekt exakt einzuschätzen.

GESCHMACK

Wussten Sie, dass Hunde den Geschmack von Fleisch schmecken können und dass dieser als „umami“ bezeichnet wird? Der Geschmackssinn des Hundes ist wenig erforscht und doch ist sicher, dass er sehr gut schmecken kann. Die Geschmackspapillen befinden sich in der Schleimhaut der Zungenoberfläche. Vieles spricht dafür, dass Hunde – genau wie ihre Besitzer – die Geschmacksnoten süß, sauer, salzig und bitter voneinander unterscheiden können.

TASTSINN

Auch der Tastsinn des Hundes gehört zu den Sinnen und ermöglicht, sanfte Berührungen von Schmerz zu unterscheiden. Hunde wissen sogar, welches Halsband sie gerade tragen. Das ermöglichen Vibrationssinnesorgane in der Haut und spezielle Schmerzrezeptoren. Auch Kälte und Wärme werden exakt unterschieden und hinsichtlich der Erhöhung der Überlebenschancen ausgewertet. Welche genaue Rolle die Tast- und Barthaare bei der Sinneswahrnehmung spielen, ist unzureichend erforscht.

Der Geruchssinn ermöglicht die zeitversetzte Kommunikation.

FORTPFLANZUNG UND KASTRATION

Züchten oder nicht? Und soll der Hund kastriert werden? Diese Entscheidungen hängen von vielen Faktoren ab. Die Kastration ist und bleibt ein großes Thema mit vielen Gründen dafür und dagegen.

LÄUFIGKEIT DER HÜNDIN

Es gibt zwei Hauptgründe, die Besitzer von Hündinnen über eine Kastration nachdenken lassen. Zum einen belastet sie die Läufigkeit mit der damit verbundenen Arbeit und die vergleichsweise anstrengenden Spaziergänge, die angeleint erfolgen sollten. Zum anderen hoffen sie, ihre Hündin durch eine Operation vor Mamatumoren, bösartigen Veränderungen des Gesäuges, zu schützen. Auch Scheinträchtigkeiten, die zu Diabetes führen können, werden so verhindert. Und es gibt noch einen Grund: Die meisten Welpenkäufer wollen später nicht mit ihrem Hund züchten. Verständlich, denn es ist mit sehr viel Aufwand verbunden, mit einer Hündin zu züchten. Angefangen bei der Suche nach einem geeigneten Deckrüden, dem Warten auf den richtigen Moment für den Rüdenbesuch, über die ganze Zeit der Trächtigkeit bis hin zur Geburt und verantwortungsvollen Welpenaufzucht inklusive der Suche nach geeigneten neuen Familien. All das kostet sehr viel Zeit und Geld und setzt außerdem züchterisches Know-how voraus.

ABLAUF DER LÄUFIGKEIT

Zwischen dem sechsten und neunten Lebensmonat setzt bei vielen Hündinnen zum ersten Mal die Läufigkeit ein. Dies ist daran erkennbar, dass die Vulva der Hündin geschwollen und vergrößert ist. Ein Zeitpunkt, der ihre Besitzer spätestens jetzt mit ganz neuen Themen konfrontiert: ungewollte Trächtigkeit, Scheinschwangerschaft, zwei bis drei Wochen Läufigkeit mit Schleim- und Blutabsonderung, veränderte Verhaltensweisen. Es gibt Läufigkeitshöschen, um das Verteilen von Blutstropfen im Haus zu vermeiden. Unterwegs sollte die Hündin angeleint werden. Manche Hündinnen reagieren in dieser Zeit schneller aggressiv gegenüber weiblichen Artgenossinnen. Während der Läufigkeit sind die Hündinnen nur ca. vier Tage lang fruchtbar. In dieser Zeit ist der Ausfluss weniger blutig und die Rute wird bei Berührung seitwärts gehalten (Duldungsreflex). Sollte es zu einem ungewollten Deckakt kommen, dürfen Rüde und Hündin nicht voneinander getrennt werden. Der Schwellkörper des Penis würde der Hündin bei einer gewaltsamen Trennung innere Verletzungen zufügen.

KASTRATION DER HÜNDIN

Medizinisch gesehen ist die Kastration der Hündin ein Routineeingriff. Wobei natürlich Risiken und Nebenwirkungen nicht auszuschließen sind. Die Kastration erfolgt unter Vollnarkose, hinterlässt eine mehrere Zentimeter lange, später kaum sichtbare Narbe. Hündinnen großer Rassen neigen vermehrt zu Harninkontinenz nach einer Kastration. Eine Folge des durch die Entfernung der Eierstöcke nicht mehr existenten Östrogens, das unter anderem den Schließmuskel der Harnblase beeinflusst. Weitere mögliche Nebenwirkungen sind vermehrtes Fellwachstum, wovon vor allem das Wollhaar langhaariger Rassen betroffen ist, und ein herabgesetzter Stoffwechsel, der eine angepasste Fütterung erfordert, ansonsten besteht die Gefahr der Gewichtszunahme. Abgesehen von dem Vorteil einer Kastration, die Wahrscheinlichkeit des Auftretens von Mamatumoren zu senken, kann das Risiko der Erkrankung an Knochentumoren steigen. Auch Verhaltensänderungen sind nicht auszuschließen. Früh kastrierte Hündinnen bleiben oft kindlicher und schüchterner. Manche werden ausgesprochen launisch. Andere wiederum, die vor der Kastration durch wankelmütiges Verhalten auffielen, verhalten sich ruhiger. Es gibt keine Garantie, dass nach einer Kastration alles besser wird. Da hilft nur eine sorgfältige Besprechung mit dem Tierarzt. Und letztendlich eine persönliche Entscheidung.

In der Regel werden unkastrierte Hündinnen zweimal im Jahr für drei Wochen läufig.

Die Scheinträchtigkeit tritt vier bis neun Wochen nach der Läufigkeit auf.

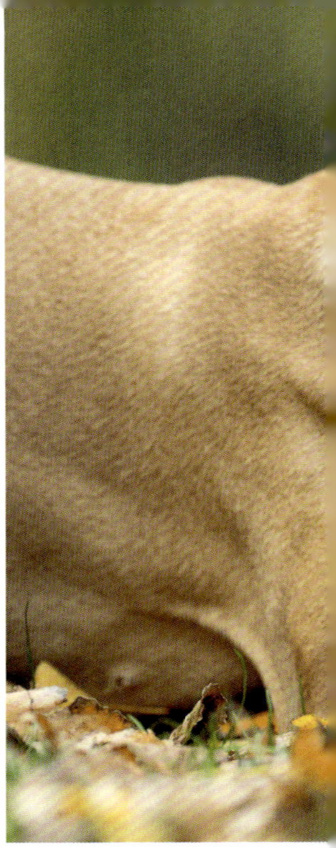

Die Hündin baut sich

WAS IST EINE STERILISATION?

Entgegen der nach wie vor verbreiteten Annahme, dass nur Rüden kastriert, Hündinnen aber sterilisiert werden, ist heute Fakt: Beide werden kastriert. Es gibt zwar das Verfahren der Sterilisation, aber das taugt nicht für Hündinnen. Warum? Bei einer Sterilisation werden nur die Eileiter durchtrennt. Die Eierstöcke dagegen bleiben erhalten und neigen dann oft zu bösartigen Veränderungen, weshalb eine Sterilisation nicht geeignet ist.

CHEMISCHE EINGRIFFE

Medikamentöse Dauerbehandlungen der Hündin, die zum Ausbleiben der Läufigkeit führen und eine ungewollte Trächtigkeit verhindern, sind ebenfalls kritisch zu sehen. Hormonschwankungen können Gebärmutterveränderungen begünstigen oder auch zu ungewollter Sterilität führen, was dramatisch ist, wenn die Hündin später doch noch einmal zur Zucht eingesetzt werden soll. Es gibt auch noch die chemische Unterdrückung der Läufigkeit, die nur einer gezielten Verschiebung dient. Zum Beispiel, um die Urlaubszeit der Hundehalter zu überbrücken. Bei beiden Behandlungen werden der Hündin Gestagene verabreicht. Diese bringen das Risiko von Gebärmuttererkrankungen mit sich. Dazu gehört die Gebärmutterentzündung, Pyometra, die sich in der Regel einige Wochen nach der Läufigkeit bemerkbar macht. Und zwar durch Störungen des Allgemeinbefindens, Apathie, Lustlosigkeit.
All das sind auch Symptome für eine Scheinträchtigkeit, aber manchmal verbirgt sich eben auch eine lebensgefährliche Gebärmutterentzündung dahinter. Ein weiteres Risiko der medikamentösen Unterdrückung sind durch Ausschüttung von Wachstumshormonen bedingte Gewebezubildungen und Diabetes mellitus.

SCHEINTRÄCHTIGKEIT

Sollte tatsächlich eine Scheinträchtigkeit vorliegen, tritt sie meistens einige Wochen, manchmal sogar erst vier bis neun Wochen nach der letzten Läufigkeit auf. Die Hündin

ein Nest und behütet Spielzeuge wie Welpen.

Auch Lustlosigkeit und mangelnder Appetit können auftreten.

zeigt dann Brutpflegeverhalten, baut Höhlen, gibt sich anschmiegsam, manchmal ist sie auch unleidig gegenüber anderen Hunden. Auch ein Milcheinschuss kann zu den Symptomen der Scheinträchtigkeit gehören. Für den Hundehalter gilt nun: die Hündin keinesfalls verhätscheln, stattdessen beschäftigen, alle Spielzeuge wegräumen und ggf. den Tierarzt um medizinische Unterstützung bitten.

CHEMISCHE KASTRATION BEIM RÜDEN

Bei Rüden ist die chemische Kastration weitaus weniger problematisch. Für sie gibt es ein Implantat, das ein GnRH-Analog enthält, das die Produktion der Sexualhormone verhindert. Ein Implantat wirkt entweder sechs oder bis zu zwölf Monate und ist eine gute Möglichkeit, Verhaltensprobleme des Rüden zu überprüfen. Verhält er sich nach Einsetzen des Implantats unproblematisch, kann man im zweiten Schritt über eine richtige Kastration nachdenken. Falls nicht, ist klar, dass seine Verhaltensprobleme nicht hormonell bedingt sind. Früher galt die Kastration bei aggressiven Rüden als Allheilmittel. Fakt ist: Das stimmt nur sehr bedingt. Denn die wenigsten Verhaltensprobleme sind tatsächlich testosterongesteuert. Deshalb am besten erstmal mit dem implantierten Chip testen, wohin die chemische Kastration führt. Eine operative Kastration birgt beim Rüden dieselben Risiken wie bei der Hündin. Was das Verhalten des Rüden nach einer Kastration angeht, fallen das häufige Absetzen von Urin und das unermüdliche Interesse am anderen Geschlecht weg. Aggressionen verschwinden nur, wenn ihr Auslöser wirklich das Testosteron war. Ist das nicht der Fall, verwandeln sich kastrierte Rüden, die zuvor nur unangenehm zu Geschlechtsgenossen waren, mitunter plötzlich auch zu Hündinnen-Hassern. Die frühere Zuneigung basierte auf hormonellem Einfluss und damit ist nach der Kastration Schluss. Bei sehr ängstlichen Rüden lässt sich nach einer Kastration manchmal ein gesteigertes Angstverhalten beobachten. Testosteron wirkt sich positiv auf das Selbstbewusstsein aus.

FELL- UND OHRENPFLEGE

Zur Hundehaltung gehört auch, dass der Vierbeiner regelmäßig gepflegt wird. Die Pflege des Hundes ist eine wichtige Voraussetzung für seine Gesundheit und sein Wohlbefinden.

FELLPFLEGE

Vernachlässigung führt leicht zu Verfilzungen, einem ungepflegten Gesamteindruck und kann auf Dauer gesundheitliche Schäden nach sich ziehen. Die Intensität der Pflege hängt vom Haarkleid des Hundes und seinem Einsatz ab.

LANGES FELL

Langes, seidiges Fell ist eine wahre Augenweide. Es macht allerdings auch eine gehörige Portion Arbeit und muss regelmäßig gepflegt werden. Treten trotzdem Verfilzungen auf, kann man versuchen, sie vorsichtig mit den Fingern zu lösen, ohne dem Hund dabei wehzutun. Sind die Verfilzungen bereits zu verworren, sollte man einen speziellen Entfilzungskamm aus dem Fachhandel zur Hilfe nehmen.

MITTELLANGES FELL

Hunde mit mittellangem Fell sind pflegeleichter als langhaarige Rassevertreter, obwohl das stockhaarige Haarkleid oft viel Unterwolle aufweist. Das ist vermutlich auch der Grund, weshalb viele Arbeitshunderassen über mittellanges Fell verfügen. Es erfordert meistens keine tägliche Pflege. Es reicht, die Haare ein- bis zweimal pro Woche durchzubürsten. Grobe Verschmutzungen sollten natürlich regelmäßig entfernt werden. Der Fellwechsel verläuft auch bei einem Hund mit mittlerer Haarlänge relativ intensiv. In dieser Zeit sollte man den Vierbeiner öfter bürsten, damit nicht alle Haare auf dem Teppich oder den Autositzen haften.

KURZES FELL

Viele Hundeliebhaber bevorzugen kurzhaarige Rassen. Das liegt zum einen daran, dass sie sehr pflegeleicht sind, zum anderen neigen sie auch bei nassem Fell zu einer relativ geringen Geruchsentwicklung. Bei kurzhaarigen Hunden ist keine tägliche Pflege erforderlich. In der Regel genügt es, den Hund hin und wieder zu bürsten oder ihn mit einem weichen Striegel zu bearbeiten. Da aber auch kurzhaarige Hunde einen Fellwechsel durchlaufen, sollte man sich in dieser Zeit darauf einstellen, öfter zur Bürste zu greifen. Kurze Haare haben übrigens die Eigenschaft, äußerst hartnäckig an Stoffen und in Teppichböden zu haften. Darüber hinaus gibt es rassespezifische Pflegeanforderungen wie das Trimmen des Fells, z. B. beim Airedale Terrier, oder das Anlegen von Zotten bei Bergamasker, Kommondor & Co.

OHRENPFLEGE

Hundeohren bedürfen regelmäßiger Kontrolle. Schütteln des Kopfes, Belag oder Rötung können Hinweise auf eine Entzündung sein. In diesem Fall sollte der Hund umgehend tierärztlich untersucht und behandelt werden.

Ob Fußbad oder Ganzkörperwäsche, bei der Fellpflege sollte man ein ph-neutrales Shampoo verwenden.

PARASITEN

Eine regelmäßige Parasitenprophylaxe ist Pflicht für jeden Hundehalter. Wirksame Floh- und Zeckenmittel gibt es beim Tierarzt, wie auch entsprechende Wurmkuren.

EKTOPARASITEN

Parasiten der Körperoberfläche

ZECKEN

Sie werden überwiegend beim Durchstreifen hoher Gräser übertragen; manchmal sind sie auch im Unterholz des Waldes anzutreffen. Der Zeckenbefall äußert sich durch den deutlich fühlbaren Zeckenkörper, der mit einer speziellen Zeckenzange entfernt werden sollte. Zecken können Krankheiten wie Anaplasmose, Borreliose und FSME übertragen. Vorbeugung: Wirksame Mittel gibt es beim Tierarzt, sie wirken als Spot-On, Halsband oder Tablette über mehrere Wochen.

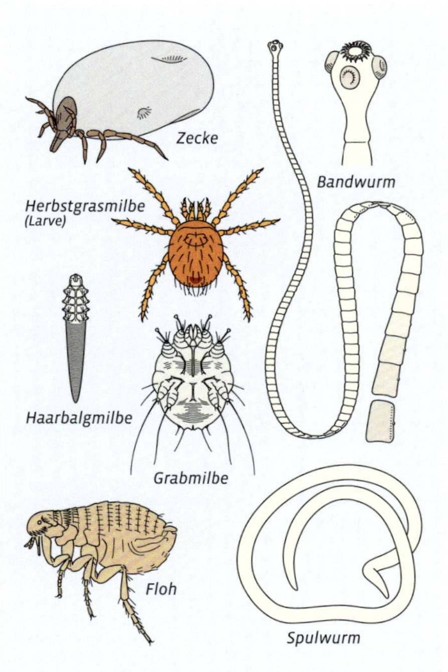

Zu den verbreitesten Parasiten beim Hund gehören Zecken, Flöhe, Würmer und Milben.

MILBEN

Sie sind mit Zecken verwandt, allerdings saugen nur wenige Arten Blut. Hunde können an verschiedenen Milbenarten leiden. Nagemilben ernähren sich von Hautschuppen ihrer Wirte; Grabemilben legen Gänge in der Haut des Wirtes an und Saugmilben nehmen Blut beziehungsweise Lymphflüssigkeit auf. Viele Milbenarten können schwere gesundheitliche Störungen auslösen. Demodikose (Demodex-Räude) ist eine der Erkrankungen, die von Milben ausgelöst werden. An Demodikose erkrankte Hunde sollten von der Zucht ausgeschlossen werden, da sich die Parasiten von der Hündin auf die ungeborenen Welpen übertragen. Die Behandlung von Milben erfolgt unter tierärztlicher Aufsicht.
Vorbeugung: Hygiene, regelmäßige Fellpflege bzw. -kontrolle, Stärkung des Immunsystems, bedarfsgerechte Nahrung, Vermeiden von Stresssituationen, Kontakt zu befallenen Tieren verhindern.

FLÖHE

Sie bedürfen einer sofortigen Kampfansage. Denn sie verursachen einen unerträglichen Juckreiz. Im Fell finden sich kleine schwarze Krümel, die sich in Wasser rötlich auflösen –

Hat ein Hund Flöhe, sollte schnell gehandelt werden. Der Flohbefall kann Hautprobleme verursachen und zu Gesundheitsproblemen führen. Zudem können die Parasiten auch Menschen befallen und lange in der Umgebung überleben.

dies ist der Kot der Flöhe. Wenn dieser auffällt, ist der Hund bereits stark befallen. Ein typischer Hundefloh erreicht eine Länge von 2,5 bis 3,5 Millimetern. Allerdings können Hunde auch von Katzenflöhen und vielen anderen Floharten befallen werden. Für die Behandlung des Flohbefalls ist diese Tatsache allerdings nicht wichtig. Ein massiver Flohbefall kann zu Blutarmut, Mangelerscheinungen und einem schlechten Allgemeinzustand führen. Außerdem übertragen sie Würmer und Bakterien. Manche Hunde reagieren mit heftigen Flohallergien.
Vorbeugung: Ungezieferhalsband, antiparasitäre Mittel („Spot-On-Verfahren").
Behandlung: Das ganze Umfeld mit einbeziehen, denn Flöhe halten sich nur kurz zum Blutsaugen auf dem Hund auf. Danach lassen sie sich auf Möbeln, in Teppichen und Betten nieder, um dort ihre Eier abzulegen. Rund 99 Entwicklungsstadien pro Floh existieren in seiner Umgebung – eine Flohexplosion. Beim Tierarzt gibt es Tabletten, die dem Hund einmal pro Monat verabreicht werden, und die eine Vermehrung verhindern.

ENDOPARASITEN

Parasiten, die innere Organe, Körperhöhlen und Gewebe befallen

WÜRMER

Hunde werden überwiegend von Rund- und Bandwürmern befallen. Die häufigsten Rundwürmer sind: Hakenwürmer, Spulwürmer und Peitschenwürmer.
Vorbeugung: Regelmäßige Wurmkuren sind ein Muss, da Würmer schwere gesundheitliche Schäden bei Hunden verursachen können und teilweise auch auf den menschlichen Organismus übertragbar sind. Bei Kontakt mit

01

02

03

Kindern oder immungeschwächten Personen sollte engmaschig entwurmt werden. Regel: Entweder vier- bis sechsmal pro Jahr entwurmen oder vier- bis sechsmal pro Jahr den Kot von drei Tagen aufsammeln, beim Tierarzt untersuchen lassen und bei Bedarf behandeln.

GIARDIEN

Bei dem Durchfallerreger handelt es sich um mikroskopisch kleine, einzellige Parasiten des Darms. Es kommt zu anhaltenden wässrigen Durchfällen. Insbesondere junge Hunde erkranken häufig, da ihr Immunsystem noch nicht ausreichend entwickelt ist. Aber auch gesunde Hunde sind oft mit Giardien infiziert und scheiden sie unerkannt mit dem Kot aus. Giardien sind in der Umwelt relativ widerstandsfähig und können in feuchter Umgebung mehrere Monate überleben. In Kot bleiben sie eine Woche lang ansteckend und können z. B. über verunreinigtes Wasser oder das Belecken von Fell wieder aus der Umwelt aufgenommen werden.

Um sie wirksam zu bekämpfen, ist eine strikte Hygiene und eine intensive tierärztliche Behandlung erforderlich.

„IMPORT-PARASITEN"

Die Anzahl der ehemaligen Importkrankheiten nimmt zu. Inzwischen kommen viele der als „Reisekrankheiten" bezeichneten Infektionen direkt in Deutschland vor. Dazu gehören Borreliose, Ehrlichiose, Anaplasmose und Babesiose, die alle von Zecken übertragen werden. Die krankmachenden Bakterien nisten sich in bestimmten Blutzellen ein und verursachen verschiedene Symptome, die eine genaue Diagnostik durch den Tierarzt erfordern. Durch bestimmte in Deutschland nicht beheimatete Mückenarten werden die chronische Erkrankung Leishmaniose (durch Einzeller) und der Herzwurm übertragen. Vorbeugung: „Reisekrankheiten" können am effektivsten vorgebeugt werden, wenn man seinen Vierbeiner prinzipiell nicht mit in endemische Gebiete nimmt. Lässt sich die Reise nicht vermeiden, sollten entsprechend tierärztlicher Empfehlung antiparasitäre Mittel und Impfungen eingesetzt werden.

01–03 Ein gemeinsamer Urlaub am Meer unter südlicher Sonne ist toll! Schützen Sie Ihren Hund vor Infektionen!

INFEKTIONSKRANKHEITEN

Es gibt auch zahlreiche altbekannte und weit verbreitet vorkommende Infektionskrankheiten, die Hunden gefährlich werden können. Hier die wichtigsten im Überblick.

STAUPE

Das Staupe-Virus befällt neben dem Hund auch hierzulande vorkommende Fleischfresser wie Fuchs, Seehund und Marder. Es erkranken vorwiegend junge Hunde. Bis zur Einführung der Impfung um 1960 führte sie zu vielen Todesfällen. Drei bis sechs Tage nach der Infektion sind die Viren im Blut, der Milz, den Lymphknoten und der Thymusdrüse nachweisbar. Oft kommt es zu einem ersten Fieberschub. Im weiteren Krankheitsverlauf setzt sich das Virus vor allem in der Schleimhaut des Verdauungstraktes und der Atemwege ab. Eine Woche nach der Ansteckung treten folgende Symptome auf: Mattigkeit, Fieber, Appetitlosigkeit, hoch ansteckender, wässriger Nasen- und Augenausfluss. Die Behandlung ist schwierig; oft gibt es keine Heilung. Allerdings gibt es auch Hunde, die erfolgreich von selbst Antikörper produzieren, aber Folgeschäden wie ein Staupegebiss, Zähne mit frei liegenden Zahnbeinen und braunen Verfärbungen, oder nervöse Ticks entwickeln.

GESUNDHEITSVORSORGE

Die Entwicklung wirksamer Impfstoffe und ein verbessertes Vorsorgebewusstsein haben dazu beigetragen, die Verbreitung gefährlicher Infektionskrankheiten einzudämmen. Jeder Hundehalter sollte sich dem anschließen. Es ist wichtig, den eigenen Hund von klein auf zu immunisieren und ihn in Absprache mit dem Tierarzt zur Wiederholungsimpfung zu bringen.

CANINE PARVOVIROSE

Die Canine Parvovirose – oder auch Katzenseuche – ist seit 1978 bekannt. Katzen und Hunde können sich übrigens nicht gegenseitig infizieren. Man unterscheidet zwei Verlaufsformen: die Herzmuskelentzündung und die Darmwandentzündung. Beide können tödlich verlaufen. Betroffen sind vor allem Hunde im Alter von sechs Wochen bis sechs Monaten. Erwachsene Parvoträger überwinden die Krankheit oft sehr gut. Die Sterblichkeit liegt bei rund zehn Prozent. Die Herzmuskelentzündung tritt selten auf und ist nur bei drei bis vier Monate alten Hunden zu beobachten. Die Darmwandentzündung kommt öfter vor: Erbrechen, Durchfall, Gewichtsverlust und Fieber zählen zu den Symptomen. Parvoviren werden mit dem Kot ausgeschieden und können über Jahre außerhalb des Körpers hinweg aktiv bleiben. Die Viren werden oral, z. B. durch das Schnuppern an Kot oder Lecken an Kontaminationen aufgenommen.

HEPATITIS

Hepatitis contagiosa canis, die ansteckende Leberentzündung ist weltweit verbreitet. Betroffen sind Hunde und andere Fleischfresser – eine Ansteckung des Menschen ist möglich. Die Ansteckung erfolgt durch den direkten Kontakt mit dem Erreger in Urin, Kot und Speichel. Vier bis acht Tage später tritt hohes Fieber auf, das bis zu zwei Tage anhalten kann. Entzündete Mandeln, Appetitlosigkeit, Mattigkeit, Erbrechen, Durchfall, Durst, Augen- und Nasenausfluss sowie Bauchschmerzen sind typisch. Die Leberschädigung führt zu Störungen der Blutgerinnung bis hin zum tödlichen Kreislaufkollaps. Auch im akuten Verlauf gibt es plötzliche Todesfälle, ohne vorangegangene deutliche Symptome.

LEPTOSPIROSE

Nicht nur Hunde, sondern auch Menschen werden von Leptospiren befallen. Die Bakterien nisten sich in den Nieren ein und werden mit dem Urin ausgeschieden. Außer durch den Kontakt mit erkrankten Tieren können sich Leptospiren auch über verseuchtes Wasser oder Futtermittel übertragen. Gefährlich ist das Trinken aus abgestandenen Pfützen im Sommer und das Fressen von Mäusen. Ein bis zwei Wochen nach der Ansteckung kommt es zu den ersten Symptomen: Schwäche, Appetitlosigkeit, Fieber und Erbrechen, Atemprobleme, vermehrter Urinabsatz, großer Durst und Druckempfindlichkeit in der Nierengegend. Chronische Nierenschäden drohen als Spätfolge, sowie Gelbsucht aufgrund der Leberschäden.

TOLLWUT

Tollwut zählt zu den gefährlichsten Infektionskrankheiten. Menschen, Säugetiere und auch Vögel können sich infizieren. Füchse und andere fleischfressende Wildtiere gelten als Hauptüberträger. Die Ansteckung erfolgt durch einen Biss. Die Inkubationszeit zwischen Ansteckung und dem Auftreten der ersten Symptome kann Wochen oder Monate betragen. Verhaltensänderungen wie Unruhe, starke Aggression, Erregungszustände, Schluckbeschwerden, erhöhter Speichelfluss, Lähmungen und Tod sind die Folgen.

☞ IMPFPLAN

Die Grundimmunisierung des Hundes, die ihm einen ausreichenden Schutz gegen Infektionskrankheiten bietet, erfolgt viermalig. Hierbei gilt:

8 LEBENSWOCHEN	Staupe, HCC, Parvovirose, Leptospirose
12 LEBENSWOCHEN	Staupe, HCC, Parvovirose, Leptospirose, Tollwut
16 LEBENSWOCHEN	Staupe, HCC, Parvovirose, Tollwut
15 LEBENSMONATEN	Staupe, HCC, Parvovirose, Leptospirose, Tollwut

Diese Grundimmunisierung ist nicht unbegrenzt wirksam und muss regelmäßig durch die sog. Wiederholungsimpfung erneuert werden.

(Quelle: Verband für das Deutsche Hundewesen)

BORRELIOSE

Der Ausbruch von Borreliose kann durchaus erst Monate nach einem Zeckenbiss auftreten. Lethargie, Futterverweigerung, Fieber und Gelenksentzündungen können Anzeichen sein. Der weitere Krankheitsverlauf ist durch Schwellungen und Lahmheit gekennzeichnet. Die Borrelien greifen nun auch auf Herz, Nieren, das Nervensystem und andere innere Organe über. Die Erkrankung ist zwar heilbar, am wichtigsten ist jedoch ist die lückenlose Zeckenabwehr.

ZWINGERHUSTEN

Mehrere beteiligte Viren liegen zugrunde und Bakterien verursachen eine Sekundärinfektion. Feuchtkalte Witterung begünstigt die Krankheit. Die Hunde infizieren sich durch Tröpfcheninfektion, leiden an Husten und Nasenausfluss. Zwingerhusten verbreitet sich schnell und kann schwere Verlaufsformen mit Lungenentzündung annehmen.

HUNDESENIOREN

Noch vor Kurzem tobte der Hund ausgelassen über Stock und Stein. Seine Freude am Spiel und an der Bewegung sorgte für tägliche Abwechslung. Nun schnüffelt er mehr und wirkt entschleunigt.

Hunde werden im Schnitt je nach Rasse zwischen 10 und 15 Jahre alt. Kleine Hunde kommen ab dem 10. Lebensjahr ins Seniorenalter, mittlere und große Rassen ein bis zwei Jahre früher. Hunderiesen können das Seniorenalter sogar schon mit fünf Jahren erreicht haben. Der agile Spielgefährte ist ruhig geworden. Er schätzt keine Aufregungen mehr, gibt sich mit kurzen Spaziergängen zufrieden und macht einen Bogen um spielwütige Artgenossen. Am liebsten liegt er in seinem Hundekörbchen und lässt sich von streichelnden Händen verwöhnen. Der Hund ist alt geworden. Das ist für den Hundebesitzer der Zeitpunkt umzudenken: Von nun an muss er auf die Bedürfnisse des alternden Hundes eingehen und dafür sorgen, dass er einen würdigen Lebensabend verbringt.

GRAUE SENIOREN

Alte Hunde verdienen Respekt. Sie haben ihren Menschen ein Stück weit auf dem Lebensweg begleitet und glückliche und traurige Momente mit ihm geteilt. Das sollte Grund genug sein, sie in Würde altern zu lassen und ihnen einen angenehmen Lebensabend zu bescheren.

AUCH HUNDE ALTERN

Altern ist ein natürlicher biologischer Vorgang, der nicht mit einer Krankheit zu verwechseln ist. Der Beginn des Alterungsprozesses und seine Geschwindigkeit sind teilweise genetisch vorbestimmt, allerdings beeinflussen auch die Größe des Hundes, seine Ernährung und die individuellen Haltungsbedingungen die Lebenserwartung: Vertreter großer Hunderassen altern meist schneller als kleinere Hunde. Im Alter kommen Zipperlein – bei Hunden wie auch bei Menschen. Das Immunsystem lässt nach, Beschwerden und Krankheiten häufen sich. Das Gewebe und die inneren Organe sind verbraucht, sie zeigen Schwächen. Viele Hunde äußern nun weniger Bewegungsfreude und neigen bei gleichbleibendem Appetit zu Übergewicht. Im sehr hohen Alter magern Hundesenioren allerdings oft ab.

SEH- UND HÖRFÄHIGKEIT

Der körperliche Verfall liegt in einem generellen Abbau begründet: Das Bindegewebe reduziert sich, Nerven- und Muskelzellen sterben zu großen Teilen ab und auch die Körpermasse ist auf dem Rückzug. Das Nachlassen der Sehkraft ist häufig das erste

Auch bei Hunden lautet die Devise: „Bewegung hält fit!" Wassergymastik ist bei vielen Hunden beliebt.

altersbedingte Anzeichen, das dem Hundebesitzer auffällt. Der „trübe Blick" des Hundes hat nur noch wenig mit dem strahlenden Augenausdruck vergangener Jahre zu tun. Nicht selten kommt es sogar zur vollständigen Erblindung des alten Haustieres. Dieses Stadium bleibt manchmal recht lange unbemerkt, da Hunde den Verlust der Sehkraft mit ihrem ausgezeichneten Geruchssinn ausgleichen können.
Abgesehen vom Nachlassen der Sehkraft schwächt das Alter auch das Hörvermögen. Reagierte er früher auf das leiseste Flüstern, muss man heute kräftig rufen, bevor der Hund endlich freundlich wedelnd um die Ecke kommt.

DEMENZ

Auch Demenz kann ein Thema bei Hundesenioren sein. Sie schnüffeln sich bei einem Spaziergang fest und scheinen dann alles um sich herum zu vergessen. Sie verlieren ihren Besitzer und bemerken es nicht gleich oder starren stundenlang Löcher in die Luft. Bitten Sie in solchen Fällen den Tierarzt um medikamentöse Unterstützung. Es gibt Wirkstoffe, die den Zustand verbessern oder den Krankheitsverlauf zumindest verlangsamen.

Check

DER HUND WIRD ALT – DARAUF MUSS MAN JETZT ACHTEN:

- ☐ ab dem achten Lebensjahr: einmal jährlich ein geriatrisches Blutbild erstellen lassen, um altersbedingten Erkrankungen wie Nierenproblemen rechtzeitig entgegenwirken zu können
- ☐ Zähne pflegen und regelmäßig checken lassen
- ☐ für angemessene Bewegung sorgen
- ☐ auf Probleme beim Harnabsatz achten
- ☐ den Hund regelmäßig nach Knötchen abtasten
- ☐ starke Belastungen des Herz-Kreislauf-Systems meiden
- ☐ Fellpflege intensivieren
- ☐ regelmäßig Augen und Ohren auf Verschmutzungen kontrollieren
- ☐ bei Auffälligkeiten sofort den Tierarzt zu Rate ziehen

HUND UND ÖFFENTLICHKEIT

RÜCKSICHT AUF ANDERE

Haben Sie es auch schon bemerkt? Noch nie zuvor gab es so viele friedfertige Hunde wie heute. Und gleichzeitig existierten noch nie so viele Probleme zwischen Hunden, Hundehaltern und der Öffentlichkeit. Die gegenseitige Rücksichtnahme scheint hier ein wichtiger Ansatzpunkt zu sein.

GUTES BENEHMEN

Gutes Benehmen ist angesagt, wenn man das Privileg hat, einen Hund zu besitzen. Dazu gehört an allererster Stelle: Rücksichtnahme auf die Umwelt. Nicht jeder mag Hunde, manche Menschen verspüren bei ihrem Anblick sogar Angst. Deshalb leint ein verantwortungsbewusster Hundehalter seinen Vierbeiner an, wenn ihm beim Spaziergang jemand entgegenkommt. Bei Joggern, Inline-Skatern, Reitern, oder Radfahrern ist besondere Umsicht geboten. Sie bewegen sich schnell und stimulieren bei vielen Hunden das Hetzverhalten. Solange eine Hatz nicht sicher auf der Grundlage einer soliden Erziehung ausgeschlossen werden kann, gehören Hunde in solchen Situationen an die Leine. Hinzu kommt, dass es generell eine Frage von Respektbekundung ist, seinen Hund beim Nahen fremder Personen heranzurufen und anzuleinen, auch wenn man sicher ist, dass er harmlos ist. Oft wird der Gehorsam der Hunde auch überschätzt und sie kommen gar nicht sofort zurück, wenn der Halter ruft. Dann folgen die Standardausreden wie „Der tut nix“ oder „Der will nur spielen“. Und genau das ist in höchstem Maße unhöflich.

ANLEINEN AUS HÖFLICHKEIT

Anleinen ist ein Zeichen von Höflichkeit in einer Umwelt, in der ein Hund für Passanten einer von sehr vielen Hunden ist.

SICHER AN DER LEINE

An die Leine sollte ein Hund auch prinzipiell in der Nähe von Kindergärten, Schulen, Spiel- und Sportplätzen. Auch an Bus- und Bahnhöfen, in öffentlichen Gebäuden, Einkaufszentren und Restaurants ist eine Leine ein Muss für höfliche Hundehalter. An Bauernhöfen und in Reitbetrieben gilt ebenfalls Anleinpflicht, außer, der Eigentümer entbindet den Hundehalter ausdrücklich davon. Wobei es für die Sicherheit des Hundes auf

In der Öffentlichkeit ist in vielen Begegnungssituationen sinnvoll, die Aufmerksamkeit des Hundes auf sich zu lenken.

Zum guten Benehmen gehört auch das Einhalten der „Bleib"-Position.

jeden Fall besser ist, ihn angeleint zu lassen. Denn falls er aus Neugierde zu dicht an Pferde, Kühe, Esel oder andere schlagkräftige Tiere gerät, die keine Hunde mögen, besteht Lebensgefahr. Das gilt auch im Straßenverkehr. In der Nähe stark befahrener Straßen, in Wohngebieten und in der Stadt ist eine Leine eine Lebensversicherung für den Hund. Und sie verhindert die ungewollte Gefährdung anderer.

HUNDE MIT JAGDPASSION

Um das Leben von Wildtieren geht es, wenn Hunde mit Jagdpassion in der Natur unterwegs sind. Eine Leine sollte hier selbstverständlich sein, um Hase & Co. vor der ungewollten Hatz zu schützen. Auch in Naturschutz- und Erholungsgebieten ist eine Leine angebracht. Auf Heuwiesen, Äckern und im Wald abseits der Wege haben Hunde nichts verloren. Wiesen und Äcker sind in

Ein gut erzogener Begleiter wird in der Öffentlichkeit gern gesehen, auch im Urlaub oder in der Stadt.

Privatbesitz und werden für die Gewinnung von Futter- und Lebensmitteln genutzt. Hundepfoten können hier Schaden anrichten oder durch Kothaufen für Verunreinigungen sorgen. Im Wald lebt Wild und das sollte keinesfalls durch herumstreunende Hunde gestört werden. Kothaufen sollten aus Rücksicht auf die Umwelt stets mit einem Kotbeutel entfernt und im Restmüll entsorgt werden.

RESPEKT UNTER HUNDEHALTERN

Respekt und Rücksichtnahme ist auch gut für die Beziehung von Hundehaltern untereinander. So ist es höflich und umsichtig, den eigenen Hund anzuleinen, wenn angeleinte Hunde entgegenkommen. Vielleicht befindet sich der fremde Hund gerade in einer sensiblen Erziehungsphase und soll lernen, nicht einfach loszustürmen, sobald er Artgenossen sieht.

Da ist es sehr ärgerlich, wenn frei laufende Hunde, die den „Azubi" bestürmen, die Erziehungsstunde zunichte machen. Natürlich ist es gut und wichtig, wenn Hunde untereinander Sozialkontakte pflegen. Aber wann und wo das geschieht, sollte stets der Hundehalter bestimmen. Und wenn dieser Halter keinen Sozialkontakt für seinen Hund wünscht, hat das der andere Hundehalter nicht infrage zu stellen. Er sollte es akzeptieren und seinen Hund fernhalten.

Der Hund darf Kontakt zu anderen Hunden aufnehmen? Dann sollten sich die Hundehalter darüber verständigen, ob das von beiden Seiten erwünscht ist. Wenn die Hunde frei laufen, unbedingt prüfen, ob die Umgebung dafür geeignet ist. Wenn ständig Autos vorbeirauschen, ist ein ausgelassenes Hundespiel zu riskant. Ein Risiko geht auch von geworfenen Spielzeugen, Stöcken oder anderen Dingen aus, die bei den Hunden Begehrlichkeiten wecken. Beim Gerangel darum verwandelt sich Spiel schnell in Ernst. Sollte es dennoch dazu kommen, ist es nicht sinnvoll, durch Schreien oder Treten einzugreifen. Besser gehen beide Besitzer in verschiedene Richtungen weg und versuchen, die Hunde auseinander zu rufen. Grundsätzlich sollte jeder Hundehalter seinen Hund so gut kennen, dass unerwünschtes Verhalten wie Mobbing und Belästigen anderer Hunde vorausschauend verhindert wird.

IMMER MIT DABEI

Hundehalter lieben ihre Vierbeiner und manche nehmen sie wie selbstverständlich überall mit hin. Da nicht jeder diese Leidenschaft für Hunde teilt, ist es prinzipiell höflicher, vorher nachzufragen, ob es in Ordnung ist, wenn der Hund mitkommt. In Restaurants und Hotels ist darauf zu achten, dass der Hund keine anderen Gäste belästigt und er sollte keine Spuren hinterlassen. So ist es ratsam, einen Hund, der zu Hause Zugang zu Sesseln, Sofas und Betten genießt, im Hotelzimmer in einer Transportbox unterzubringen, wenn er dort alleine zurückbleiben muss. Ansonsten tobt er im Hotel auch übers Mobiliar und das ist prinzipiell ärgerlich für die Hotelbetreiber und unschön für die nachfolgenden Gäste. Die Folge: Nach wiederholten schlechten Erfahrungen verbieten viele Hotels die Mitnahme von Hunden und schränken so die Reisefreiheit aller Hundehalter ein. Also sollten wir im Interesse aller Hundehalter mit gutem Vorbild vorangehen. Dann steht ungetrübten Reisefreuden auch nichts im Wege.

VERSICHERUNG UND GESETZE

Eine Haftpflichtversicherung für alle Fälle ist für jeden Hundehalter ratsam, zum Teil sogar vorgeschrieben. Darüber hinaus gibt es Verordnungen und Gesetze, die alle Hundehalter betreffen.

GUT VERSICHERT

Falls doch einmal etwas passiert, sollte jeder Hund über eine Haftpflichtversicherung verfügen. Ein größerer Schaden passiert schnell: Der Hund muss nur versehentlich in ein Fahrrad rennen und den Radler zu Fall bringen. Der Schadensersatz für das beschädigte Rad, den Krankenhausaufenthalt und das Schmerzensgeld summieren sich beträchtlich. Anknüpfend an Größe, Rasse oder Gewicht eines Hundes ist je nach Bundesland eine Haftpflichtversicherung sogar gesetzlich vorgeschrieben. Die ersten Bundesländer haben bereits die generelle Versicherungspflicht für Hunde eingeführt bzw. planen dies. Im Zweifelsfall beim Ordnungs- oder Veterinäramt der Stadt, wo der Hund gemeldet ist, informieren. Dort erhält man auch Auskunft über die jährlich zu entrichtende Hundesteuer. Da die Hundesteuer eine kommunale Abgabe ist, bestehen deutschlandweit große Unterschiede. Zum Teil ist für bestimmte Hunde oder Hunderassen eine höhere Steuer zu zahlen. Auch kann die Anzahl der gehaltenen Hunde Einfluss auf die Steuerlast nehmen. So kann es aber auch Steuererleichterungen geben, etwa für Blinden-, Therapie- oder Rettungshunde. Generelle Aussagen hierüber lassen sich wegen der örtlichen Unterschiede nicht treffen. Deshalb sollte sich jeder Hundehalter bereits vor der Anschaffung eines Hundes bei der für ihn zuständigen Stadtverwaltung erkundigen.

RECHT UND GESETZ

Infos zu Gesetzen und Verordnungen finden Sie unter: Bundesministerium der Justiz, www.gesetze-im-internet.de

GESETZESTREU

Wichtig zu wissen ist auch, dass die Hundehaltung zahlreichen Gesetzen unterliegt. Dazu gehören etwa:

- die jeweiligen Hundeverordnungen der Bundesländer,
- das Ordnungswidrigkeitenrecht,
- das Tierschutzgesetz und speziell die Tierschutz-Hundeverordung,
- das Zivilrecht und Bundesgesetzbuch,
- kommunale Regelungen der Städte und Gemeinden,
- die Straßenverkehrsordnung,
- das Mietrecht,
- verschiedene Wald- und Forstgesetze.

In der Konsequenz kann eine Missachtung gesetzlicher Vorgaben Geldstrafen, Haltungsverbote aber auch Schadensersatzansprüche Dritter nach sich ziehen. Manche Bundesländer schreiben für bestimmte Hunde Leinen- und Maulkorbzwang vor. Da auch diese Regelungen nicht bundesweit einheitlich sind und Änderungen unterliegen, sollte sich jeder Hundehalter immer über den aktuellen Stand erkundigen.

Auch bei gut erzogenen Hunden kann etwas Unvorhergesehenes passieren, deshalb ist eine Haftpflichtversicherung wichtig.

ÜBERSICHT DER HUNDEGESETZE

Vom Bundesministerium für Justiz und Verbraucherschutz erlassen gilt die Tierschutz-Hundeverordnung. Weitere Bestimmungen und Gesetze rund um die Hundehaltung unterliegen den einzelnen Bundesländern. Einen Überblick, was die Tierschutz-Hundeverordnung besagt und welche Gesetze in Ihrem Bundesland gelten, finden Sie hier.

TIERSCHUTZ-HUNDEVERORDNUNG

Nichtamtliches Inhaltsverzeichnis
TierSchHuV
Ausfertigungsdatum: 02.05.2001
Vollzitat:
„Tierschutz-Hundeverordnung vom 2. Mai 2001 (BGBl. I S. 838), die durch Artikel 3 der Verordnung vom 12. Dezember 2013 (BGBl. I S. 4145) geändert worden ist"
Stand: Geändert durch Art. 3 V v. 12.12.2013 I 4145
Näheres zur Standangabe finden Sie im Menü unter Hinweise
Fußnote
(+++ Textnachweis ab: 1.9.2001 +++)
Nichtamtliches Inhaltsverzeichnis

EINGANGSFORMEL

Das Bundesministerium für Verbraucherschutz, Ernährung und Landwirtschaft verordnet jeweils in Verbindung mit Artikel 56 des Zuständigkeitsanpassungs-Gesetzes vom 18. März 1975 (BGBl. I S. 705) und dem Organisationserlass vom 22. Januar 2001 (BGBl. I S. 127) auf Grund des § 2a Abs. 1, des § 11b Abs. 5 sowie des § 12 Abs. 2 Satz 1 Nr. 4, jeweils in Verbindung mit § 16b Abs. 1 Satz 2 des Tierschutzgesetzes in der Fassung der Bekanntmachung vom 25. Mai 1998 (BGBl. I S. 1105, 1818), von denen § 2a Abs. 1 Nr. 5, § 11b Abs. 5 und § 12 Abs. 2 Satz 1 Nr. 4 durch Artikel 2 des Gesetzes vom 12. April 2001 (BGBl. I S. 530) geändert worden sind, nach Anhörung der Tierschutzkommission:

§ 1 ANWENDUNGSBEREICH

(1) Diese Verordnung gilt für das Halten und Züchten von Hunden (Canis lupus f. familiaris).

(2) Die Vorschriften dieser Verordnung sind nicht anzuwenden

1. während des Transportes,
2. während einer tierärztlichen Behandlung, soweit nach dem Urteil des Tierarztes im Einzelfall andere Anforderungen an die Haltung notwendig sind,
3. bei einer Haltung zu Versuchszwecken im Sinne des § 7 Absatz 2 des Tierschutzgesetzes, soweit für den verfolgten wissenschaftlichen Zweck andere Anforderungen an die Haltung unerlässlich sind.

§ 2 ALLGEMEINE ANFORDERUNGEN AN DAS HALTEN

(1) Einem Hund ist ausreichend Auslauf im Freien außerhalb eines Zwingers oder einer Anbindehaltung sowie ausreichend Umgang mit der Person, die den Hund hält, betreut oder zu betreuen hat (Betreuungsperson), zu gewähren. Auslauf und Sozialkontakte sind der Rasse, dem Alter und dem Gesundheitszustand des Hundes anzupassen.
(2) Wer mehrere Hunde auf demselben Grundstück hält, hat sie grundsätzlich in der Gruppe zu halten, sofern andere Rechtsvorschriften dem nicht entgegenstehen. Von der Gruppenhaltung kann abgesehen werden, wenn dies wegen der Art der Verwendung, dem Verhalten oder dem Gesundheitszustand des Hundes erforderlich ist. Nicht aneinander gewöhnte Hunde dürfen nur unter Aufsicht zusammengeführt werden.
(3) Einem einzeln gehaltenen Hund ist täglich mehrmals die Möglichkeit zum länger dauernden Umgang mit Betreuungspersonen zu gewähren, um das Gemeinschaftsbedürfnis des Hundes zu befriedigen.
(4) Ein Welpe darf erst im Alter von über acht Wochen vom Muttertier getrennt werden. Satz 1 gilt nicht, wenn die Trennung nach tierärztlichem Urteil zum Schutz des Muttertieres oder des Welpen vor Schmerzen, Leiden oder Schäden erforderlich ist. Ist nach Satz 2 eine vorzeitige Trennung mehrerer Welpen vom Muttertier erforderlich, sollen diese bis zu einem Alter von acht Wochen nicht voneinander getrennt werden.

§ 3 ANFORDERUNGEN AN DIE BETREUUNG BEI GEWERBSMÄSSIGEM ZÜCHTEN

Wer gewerbsmäßig mit Hunden züchtet, muss sicherstellen, dass für jeweils bis zu zehn Zuchthunde und ihre Welpen eine Betreuungsperson zur Verfügung steht, die die dafür notwendigen Kenntnisse und Fähigkeiten gegenüber der zuständigen Behörde nachgewiesen hat.

§ 4 ANFORDERUNGEN AN DAS HALTEN IM FREIEN

(1) Wer einen Hund im Freien hält, hat dafür zu sorgen, dass dem Hund

1. eine Schutzhütte, die den Anforderungen des Absatzes 2 entspricht, und
2. außerhalb der Schutzhütte ein witterungsgeschützter, schattiger Liegeplatz mit wärmegedämmtem Boden

zur Verfügung stehen. Während der Tätigkeiten, für die ein Hund ausgebildet wurde oder wird, hat die Betreuungsperson dafür zu sorgen, dass dem Hund während der Ruhezeiten ein witterungsgeschützter und wärmegedämmter Liegeplatz zur Verfügung steht.

(2) Die Schutzhütte muss aus wärmedämmendem und gesundheitsunschädlichem Material hergestellt und so beschaffen sein, dass der Hund sich daran nicht verletzen und trocken liegen kann. Sie muss so bemessen sein, dass der Hund

1. sich darin verhaltensgerecht bewegen und hinlegen und
2. den Innenraum mit seiner Körperwärme warm halten kann, sofern die Schutzhütte nicht beheizbar ist.

§ 5 ANFORDERUNGEN AN DAS HALTEN IN RÄUMEN

(1) Ein Hund darf nur in Räumen gehalten werden, bei denen der Einfall von natürlichem Tageslicht sichergestellt ist. Die Fläche der Öffnungen für das Tageslicht muss bei der Haltung in Räumen, die nach ihrer Zweckbestimmung nicht dem Aufenthalt von Menschen dienen, grundsätzlich mindestens ein Achtel der Bodenfläche betragen. Satz 2 gilt nicht, wenn dem Hund ständig ein Auslauf ins Freie zur Verfügung steht. Bei geringem Tageslichteinfall sind die Räume entsprechend dem natürlichen Tag-Nacht-Rhythmus zusätzlich zu beleuchten. In den Räumen muss eine ausreichende Frischluftversorgung sichergestellt sein.
(2) Ein Hund darf in Räumen, die nach ihrer Zweckbestimmung nicht dem Aufenthalt von Menschen dienen, nur dann gehalten werden, wenn die benutzbare Bodenfläche den Anforderungen des § 6 Abs. 2 entspricht.
(3) Ein Hund darf in nicht beheizbaren Räumen nur gehalten werden, wenn diese mit einer Schutzhütte nach § 4 Abs. 2 oder einem trockenen Liegeplatz, der ausreichend Schutz vor Luftzug und Kälte bietet, ausgestattet sind und außerhalb der Schutzhütte nach Nummer 1 ein wärmegedämmter Liegebereich zur Verfügung steht.

§ 6 ANFORDERUNGEN AN DIE ZWINGERHALTUNG

(1) Ein Hund darf in einem Zwinger nur gehalten werden, der den Anforderungen nach den Absätzen 2 bis 4 entspricht.
(2) In einem Zwinger muss

1. dem Hund entsprechend seiner Widerristhöhe folgende uneingeschränkt benutzbare Bodenfläche zur Verfügung stehen, wobei die Länge jeder Seite mindestens der doppelten Körperlänge des Hundes entsprechen muss und keine Seite kürzer als zwei Meter sein darf:

Widerristhöhe cm	Bodenfläche mindestens qm
bis 50	6
über 50 bis 65	8
über 65	10,

2. für jeden weiteren in demselben Zwinger gehaltenen Hund sowie für jede Hündin mit Welpen zusätzlich die Hälfte der für einen Hund nach Nummer 1 vorgeschriebenen Bodenfläche zur Verfügung stehen,
3. die Höhe der Einfriedung so bemessen sein, dass der aufgerichtete Hund mit den Vorderpfoten die obere Begrenzung nicht erreicht.

Abweichend von Satz 1 Nr. 1 muss für einen Hund, der regelmäßig an mindestens fünf Tagen in der Woche den überwiegenden Teil des Tages außerhalb des Zwingers verbringt, die uneingeschränkt benutzbare Zwingerfläche mindestens sechs Quadratmeter betragen.

(3) Die Einfriedung des Zwingers muss aus gesundheitsunschädlichem Material bestehen und so beschaffen sein, dass der Hund sie nicht überwinden und sich nicht daran verletzen kann. Der Boden muss trittsicher und so beschaffen sein, dass er keine Verletzungen oder Schmerzen verursacht und leicht sauber und trocken zu halten ist. Trennvorrichtungen müssen so beschaffen sein, dass sich die Hunde nicht gegenseitig beißen können. Mindestens eine Seite des Zwingers muss dem Hund freie Sicht nach außen ermöglichen. Befindet sich der Zwinger in einem Gebäude, muss für den Hund der freie Blick aus dem Gebäude heraus gewährleistet sein.

(4) In einem Zwinger dürfen bis zu einer Höhe, die der aufgerichtete Hund mit den Vorderpfoten erreichen kann, keine Strom führenden Vorrichtungen, mit denen der Hund in Berührung kommen kann, oder Vorrichtungen, die elektrische Impulse aussenden, vorhanden sein.

(5) Werden mehrere Hunde auf einem Grundstück einzeln in Zwingern gehalten, so sollen die Zwinger so angeordnet sein, dass die Hunde Sichtkontakt zu anderen Hunden haben.

(6) Hunde dürfen in einem Zwinger nicht angebunden gehalten werden.

§ 7 ANFORDERUNGEN AN DIE ANBINDEHALTUNG

(1) Ein Hund darf in Anbindehaltung nur gehalten werden, wenn die Anforderungen der Absätze 2 bis 5 erfüllt sind.

(2) Die Anbindung muss

1. an einer Laufvorrichtung, die mindestens sechs Meter lang ist, frei gleiten können,
2. so bemessen sein, dass sie dem Hund einen seitlichen Bewegungsspielraum von mindestens fünf Metern bietet,
3. so angebracht sein, dass der Hund ungehindert seine Schutzhütte aufsuchen, liegen und sich umdrehen kann.

(3) Im Laufbereich dürfen keine Gegenstände vorhanden sein, die die Bewegungen des Hundes behindern oder zu Verletzungen führen können. Der Boden muss trittsicher und so beschaffen sein, dass er keine Verletzungen oder Schmerzen verursacht und leicht sauber und trocken zu halten ist.

(4) Es dürfen nur breite, nicht einschneidende Brustgeschirre oder Halsbänder verwendet werden, die so beschaffen sind, dass sie sich nicht zuziehen oder zu Verletzungen führen können.

(5) Es darf nur eine Anbindung verwendet werden, die gegen ein Aufdrehen gesichert ist. Das Anbindematerial muss von geringem Eigengewicht und so beschaffen sein, dass sich der Hund nicht verletzen kann.

(6) Bei Begleitung einer Betreuungsperson während der Tätigkeiten, für die der Hund ausgebildet wurde oder wird, kann er abweichend von Absatz 1 nach Maßgabe der Absätze 4 und 5 an einer mindestens drei Meter langen Anbindung angebunden werden.

(7) Die Anbindung ist verboten bei einem Hund bis zu einem Alter von zwölf Monaten, einer tragenden Hündin im letzten Drittel der Trächtigkeit, einer säugenden Hündin, einem kranken Hund, wenn ihm dadurch Schmerzen, Leiden oder Schäden zugefügt würden.

§ 8 FÜTTERUNG UND PFLEGE

(1) Die Betreuungsperson hat dafür zu sorgen, dass dem Hund in seinem gewöhnlichen Aufenthaltsbereich jederzeit Wasser in ausreichender Menge und Qualität zur Verfügung steht. Sie hat den Hund mit artgemäßem Futter in ausreichender Menge und Qualität zu versorgen.

(2) Die Betreuungsperson hat

1. den Hund unter Berücksichtigung des der Rasse entsprechendem Bedarfs regelmäßig zu pflegen und für seine Gesundheit Sorge zu tragen;
2. die Unterbringung mindestens einmal täglich und die Anbindevorrichtung mindestens zweimal täglich zu überprüfen und Mängel unverzüglich abzustellen;
3. für ausreichende Frischluft und angemessene Lufttemperaturen zu sorgen, wenn ein Hund ohne Aufsicht in einem Fahrzeug verbleibt;
4. den Aufenthaltsbereich des Hundes sauber und ungezieferfrei zu halten; Kot ist täglich zu entfernen.

§ 9 AUSNAHMEN FÜR DAS VORÜBERGEHENDE HALTEN

Die zuständige Behörde kann von den Vorschriften des § 2 Abs. 2 und 3 sowie § 6 Abs. 1 in Verbindung mit Abs. 2 für das vorübergehende Halten von Hunden in Einrichtungen, die Fundhunde oder durch Behörden eingezogene Hunde aufnehmen, befristete Ausnahmen zulassen, wenn sonst die weitere Aufnahme solcher Hunde gefährdet ist.

§ 10 AUSSTELLUNGSVERBOT

Es ist verboten, Hunde, bei denen Körperteile, insbesondere Ohren oder Rute, tierschutzwidrig vollständig oder teilweise amputiert wurden, auszustellen oder Ausstellungen solcher Hunde zu veranstalten. Das Ausstellungsverbot nach Satz 1 gilt nicht, sofern der Eingriff vor dem 1. September 2001 und in Übereinstimmung mit den Vorschriften des Tierschutzgesetzes in der zum Zeitpunkt des Eingriffs geltenden Fassung vorgenommen wurde.

§ 11 (WEGGEFALLEN)

–

§ 12 ORDNUNGSWIDRIGKEITEN

(1) Ordnungswidrig im Sinne des § 18 Abs. 1 Nr. 3 Buchstabe a des Tierschutzgesetzes handelt, wer vorsätzlich oder fahrlässig

1. entgegen § 2 Abs. 4 Satz 1 einen Welpen vom Muttertier trennt,
2. entgegen § 3 nicht sicherstellt, dass für jeweils bis zu zehn Zuchthunde und ihre Welpen eine dort genannte Betreuungsperson zur Verfügung steht,

3. entgegen § 4 Abs. 1 Satz 1 Nr. 1 oder Satz 2 nicht dafür sorgt, dass dem Hund eine Schutzhütte oder ein Liegeplatz zur Verfügung steht,
4. entgegen § 5 Abs. 1 Satz 1 oder Abs. 2 oder 3, § 6 Abs. 1 oder 6 oder § 7 Abs. 1 oder 7 einen Hund hält oder
5. entgegen § 8 Abs. 2 Nr. 2 einen Mangel nicht oder nicht rechtzeitig abstellt.

(2) Ordnungswidrig im Sinne des § 18 Abs. 1 Nr. 3 Buchstabe b des Tierschutzgesetzes handelt, wer vorsätzlich oder fahrlässig entgegen § 10 Satz 1 einen Hund ausstellt oder eine Ausstellung veranstaltet.

§ 13 (WEGGEFALLEN)

§ 14 INKRAFTTRETEN, AUSSERKRAFTTRETEN

Diese Verordnung tritt am 1. September 2001 in Kraft. Gleichzeitig tritt die Verordnung über das Halten von Hunden im Freien vom 6. Juni 1974 (BGBl. I S. 1265), geändert durch Artikel 2 Nr. 1 des Gesetzes vom 12. August 1986 (BGBl. I S. 1309), außer Kraft.
Nichtamtliches Inhaltsverzeichnis

SCHLUSSFORMEL

Der Bundesrat hat zugestimmt.
Quelle: https://www.gesetze-im-internet.de/tierschhuv/BJNR083800001.html am 13.07.2020

☞ GESETZE UND BESTIMMUNGEN DER LÄNDER

BUNDESLAND	GESETZ	„NORMALE" HUNDEHALTUNG	"GEFÄHRLICHE" HUNDE
BADEN-WÜRTTEMBERG	Polizeiverordnung des Innenministeriums und des Ministeriums Ländlicher Raum über das Halten gefährlicher Hunde vom 3. August 2000		American Staffordshire Terrier, Bullterrier, Pit Bull Terrier, Bullmastiff, Staffordshire Bullterrier, Dogo Argentino, Bordeaux Dogge, Fila Brasileiro, Mastin Espanol, Mastino Napoletano, Mastiff, Tosa Inu Hunde, die bissig sind, in aggressiver oder gefahrdrohender Weise Menschen oder Tiere anspringen oder zum unkontrollierten Hetzen oder Reißen von Wild oder Vieh oder anderen Tieren neigen. Prüfung auf Kampfhundeigenschaften durch einen im öffentlichen Dienst beschäftigten Tierarzt und einen sachverständigen Beamten des Polizeivollzugsdienstes Haltungsgenehmigung erforderlich: Leine und Maulkorb
BAYERN	Verordnung über Hunde mit gesteigerter Aggressivität und Gefährlichkeit Vom 10. Juli 1992		Umfangreiche Rasseliste mit 2 Kategorien von Kamphundrassen, Durch ein Negativgutachten (Wesenstest) kann Gefährlichkeit widerlegt werden, Haltungserlaubnis ist zu beantragen
BERLIN	Gesetz über das Halten und Führen von Hunden in Berlin (Hundegesetz - HundeG) vom 7. Juli 2016	Allgemeine Leinenpflicht im öffentlichen Raum (außer in ausgewiesenen Freilaufgebieten), durch Sachkundenachweis (durch beanstandungsfreie Hundehaltung oder Ablegen einer Prüfung) ist die Befreiung von der Leinenpflicht zu beantragen. Das Gesetz sieht ein zentrales Register zur Erfassung aller in Berlin gehaltenen Hunde bis spätestens zum 31.12.2021 vor.	Als Gefährliche Hunde gelten Pitbull-Terrier, Bullterrier, American Staffordshire-Terrier sowie deren Kreuzungen und Hunde anderer Rassen, die von der Behörde als gefährlich festgestellt (z. B. wegen gefahrdrohenden Anspringens oder eines Bissvorfalls) wurden. Für diese gelten Maulkorb- und Leinenzwang sowie die Pflicht, einen Wesenstest abzulegen. Die Haltung erfordert besondere Auflagen.

BUNDESLAND	GESETZ	„NORMALE" HUNDEHALTUNG	"GEFÄHRLICHE" HUNDE
BRANDENBURG	Ordnungsbehördliche Verordnung über das Halten und Führen von Hunden (Hundehalterverordnung - HundehV) vom 16. Juni 2004	Außerhalb des befriedeten Besitztums müssen Hunde ein Halsband mit Namen und Adresse des Hundehalters tragen. Gefährliche Hunde müssen mit Plaketten am Halsband gekennzeichnet werden. Die Haltung großer Hunde (über 40 cm/ 20 kg) ist der Ordnungsbehörde anzuzeigen und die Zuverlässigkeit des Halters (Führungszeugnis) nachzuweisen.	Gefährliche Hunde sind in zwei Kategorien mit Rassenliste sowie Hunden mit Beißvorfall eingruppiert, von Hunden der Kategorie 2 kann ein Negativgutachten von dem Status des „gefährlichen Hundes" entbinden; Sachkundenachweis: Nachzuweisen sind Kenntnisse und Fähigkeiten einen gefährlichen Hund jederzeit so zu halten und zu führen, dass von diesem keine Gefahr für Menschen, Tiere oder Sachen ausgeht. Der schriftliche Nachweis der erforderlichen Sachkunde ist auf Grund einer Sachkundeprüfung gegenüber der örtlichen Ordnungsbehörde zu erbringen.
BREMEN	Gesetz über das Halten von Hunden vom 2. Oktober 2001		Pit-Bull-Terrier, Bullterrier, American Staffordshire Terrier, Staffordshire Bullterrier sowie deren Kreuzungen und Hunde, die bereits Menschen oder Tiere gefährdend angesprungen oder gebissen haben Leinenzwang und Maulkorbzwang: Wegfall des Maulkorbzwanges kann durch eine bestandene Begleithundeprüfung oder durch einen bestandenen Wesenstest erreicht werden. Die Begleithundeprüfung ist unter tierärztlicher Aufsicht durchzuführen.
HAMBURG	Hamburgisches Gesetz über das Halten und Führen von Hunden (Hundegesetz - HundeG) Vom 26. Januar 2006*)	Haftpflichtversicherung gesetzlich vorgeschrieben, Meldepflicht der Hundehaltung im zentralen Register Leinenpflicht (bei Hunden >12 Mon.) Leinenpflicht kann durch den Nachweis einer Gehorsamsprüfung aufgehoben werden	Gefährliche Hunde; Hunde, die ein der Situation nicht angemessenes oder ausgeprägtes Aggressionsverhalten gegen Menschen oder Tiere zeigen. Unwiderlegbar gefährlich: American Pit Bull Terrier, American Staffordshire Terrier, Staffordshire Bullterrier, Bullterrier Widerlegbar gefährlich: Bullmastiff, Dogo Argentino, Dogue de Bordeaux, Fila Brasileiro, Kangal, Kaukasischer Owtscharka, Mastiff, Mastin Español, Mastino Napoletano, Rottweiler, Tosa Inu und deren Mischungen

BUNDESLAND	GESETZ	„NORMALE" HUNDEHALTUNG	"GEFÄHRLICHE" HUNDE
HESSEN	Gefahrenabwehrverordnung über das Halten und Führen von Hunden (HundeVO)*) Vom 22. Januar 2003	Wer außerhalb des eingefriedeten Besitztums der Halterin oder des Halters einen Hund führt oder laufen lässt, hat diesem ein Halsband anzulegen, auf dem oder an dem Name und Anschrift der Halterin oder des Halters anzugeben sind; besteht ein Telefonanschluss, ist auch die Telefonnummer anzugeben.	Gefährliche Hunde darf nur halten, wem eine Erlaubnis durch die zuständige Behörde erteilt worden ist. Folgende Rassen sowie deren Kreuzungen untereinander oder mit anderen Hunden wird eine Gefährlichkeit vermutet: 1. Pitbull-Terrier, 2. American Staffordshire-Terrier, 3. Staffordshire-Bullterrier, 4. Bullterrier, 5. American Bulldog, 6. Dogo Argentino,7. Fila Brasileiro, 8. Kangal (Karabash), 9. Kaukasischer Owtscharka, 10. Mastiff, 11. Mastino Napoletano. Sachkundeprüfung bei Haltung von gefährlichen Hunden (Hunde der Rasseliste und andere Rassen, wenn diese auffällig geworden sind, z.B. Hunde mit Beißvorfall)
MECKLENBURG-VORPOMMERN	Verordnung über das Führen und Halten von Hunden		Hunde der Rassen Pitbull Terrier, American Staffordshire Terrier, Staffordshire Bullterrier und Bullterrier und deren Kreuzung gelten als gefährliche Hunde. Möglich ist durch Bescheinigung des Amts- oder eines durch diesen beauftragten Tierarztes, nachzuweisen, dass der gehaltene Hund keine gesteigerte Kampfesbereitschaft, Angriffslust, Schärfe oder eine andere in ihrer Wirkung vergleichbare Eigenschaft gegenüber Menschen oder Tieren aufweist. Ansonsten Sachkundenachweis
NIEDERSACHSEN	Niedersächsisches Gesetz über das Halten von Hunden vom 26. Mai 2011 (NHundG)	Jeder Hundehalter (Hunde jeder Größe und Rasse) muss seine Sachkunde nachweisen: Theorieprüfung vor der Aufnahme der Hundehaltung, Praxisprüfung im ersten Jahr der Hundehaltung; mind. 2 Jahre (eigene) Hundehaltung in den letzten 10 Jahren vor Inkrafttreten des Gesetzes ist als Sachkundebeweis ausreichend.	Wenn der Fachbehörde ein Hinweis vorliegt, dass ein Hund eine gesteigerte Aggressivität aufweist. Zur Haltungserlaubnis muss ein Wesenstest abgelegt werden und jeder der den Hund ausführt, muss mit diesem eine praktische Sachkundeprüfung ablegen.

BUNDESLAND	GESETZ	„NORMALE" HUNDEHALTUNG	"GEFÄHRLICHE" HUNDE
NORDRHEIN-WESTFALEN	Landeshundegesetz (LHundG NRW)	Die Haltung eines Hundes, der ausgewachsen eine Widerristhöhe von mindestens 40 cm oder ein Gewicht von mindestens 20 kg erreicht (großer Hund), ist der zuständigen Behörde von der Halterin oder vom Halter anzuzeigen. (2) Große sowie gefährliche Hunde dürfen nur gehalten werden, wenn die Halterin oder der Halter die erforderliche Sachkunde und Zuverlässigkeit besitzt, den Hund fälschungssicher mit einem Mikrochip gekennzeichnet und für den Hund eine Haftpflichtversicherung abgeschlossen hat und dies gegenüber der zuständigen Behörde nachweist.	Hunde der Rassen Pitbull Terrier, American Staffordshire Terrier, Staffordshire Bullterrier und Bullterrier und deren Kreuzungen als gefährliche Hunde sowie Alano, American Bulldog, Bullmastiff, Mastiff, Mastino Espanol, Mastino Napoletano, Fila Brasileiro, Dogo Argentino, Rottweiler und Tosa Inu sowie deren Kreuzungen.
RHEINLAND-PFALZ	Landesgesetz über gefährliche Hunde (LHundG) Vom 22. Dezember 2004		Gefährliche Hunde lt. Rasseliste American Staffordshire Terrier und Staffordshire Bullterrier, Hunde des Typs Pit Bull Terrier sowie deren Mischungen; sowie Hunde die nach Vorfall als gefährlich festgestellt wurden: Haltung erfordert Sachkunde.
SAARLAND	Verwaltungsvorschriften zur Polizeiverordnung über den Schutz der Bevölkerung vor gefährlichen Hunden im Saarland vom 26. Juli 2000 in der Fassung vom 9. Dezember		Gefährliche Hunde: Sachkunde in Theorie und Praxis (mit dem jeweiligen Hund) American Staffordshire Terrier, Staffordshire Bullterrier sowie American Pit Bull Terrier besteht nach § 6 eine widerlegbare Gefährlichkeitsvermutung. Die Fähigkeit dieser Hunde zu sozialverträglichem Verhalten kann durch einen Wesenstest nachgewiesen werden. 3 Jahre nach Erteilung der Bescheinigung sind die Voraussetzungen für die Erteilung der Bescheinigung erneut durch einen Wesenstest nachzuweisen.

BUNDESLAND	GESETZ	„NORMALE" HUNDEHALTUNG	"GEFÄHRLICHE" HUNDE
SACHSEN	Gesetz zum Schutze der Bevölkerung vor gefährlichen Hunden (GefHundG) Vom 24. August 2000 Sachkundeprüfung bei Haltung von gefährlichen Hunden		Im Einzelfall gefährliche Hunde sind insbesondere Hunde, 1. die sich gegenüber Menschen oder Tieren als aggressiv erwiesen haben, 2. die zum Hetzen oder Reißen von Wild oder Nutztieren neigen oder 3. die durch Zucht, Haltung oder Ausbildung eine gesteigerte Aggressivität entwickelt haben und aus diesem Grund Menschen oder Tiere angreifen. Als aggressiv im Sinne von Satz 1 Nr. 1 gilt ein Hund, der einen Menschen oder ein Tier geschädigt hat, ohne dazu provoziert worden zu sein.
SACHSEN-ANHALT	Gesetz zur Vorsorge gegen die von Hunden ausgehenden Gefahren (Hundegesetz - HundeG LSA) Vom 23. Januar 2009	Hunde müssen mit Transponder (Chip) identifizierbar sein; Haftpflichtversicherung zentrales Register	Gefährlich gelten Hunde der Rasseliste (Pitbull-Terrier, Staffordshire-Bullterrier, American Staffordshire-Terrier, Bullterrier sowie solche, die durch die Behörde als gefährlich festgestellt wurden (nach Beißvorfall).
SCHLESWIG-HOLSTEIN	Gesetz über das Halten von Hunden (HundeG)	Eine Sachkundeprüfung kann freiwillig abgelegt werden und kann ggf. zu einer Ermäßigung der Hundesteuer führen. Ob eine Ermäßigung gewährt wird, liegt im Ermessen der zuständigen lokalen Behörde. Hunde über 3 Monate: Kennzeichnung mit Transponder und Haftpflichtversicherung	Erhält die zuständige Behörde einen Hinweis darauf, dass ein Hund einen Menschen gebissen hat, sofern dies nicht zur Verteidigung anlässlich einer strafbaren Handlung oder aus dem elementaren Selbsterhaltungstrieb des Hundes geschah, außerhalb des befriedeten Besitztums der Hundehalterin oder des Hundehalters wiederholt in gefahrdrohender Weise Menschen angesprungen hat oder ein anderes aggressives Verhalten zeigt, das nicht dem elementaren Selbsterhaltungstrieb des Hundes entspringt, ein anderes Tier durch Biss geschädigt hat, ohne selbst angegriffen worden zu sein, oder einen anderen Hund trotz dessen erkennbarer artüblicher Unterwerfungsgestik gebissen hat oder durch sein Verhalten gezeigt hat, dass er unkontrolliert Tiere hetzt oder reißt, so hat sie den Hinweis zu prüfen. Ergibt die Prüfung nach Satz 1 Tatsachen, die den Verdacht rechtfertigen, dass von dem Hund eine Gefahr für die öffentliche Sicherheit ausgeht, so stellt die zuständige Behörde fest, dass der Hund gefährlich ist.

BUNDESLAND	GESETZ	„NORMALE" HUNDEHALTUNG	"GEFÄHRLICHE" HUNDE
THÜRINGEN	Thüringer Gesetz zum Schutz der Bevölkerung	Kennzeichnung mit Transponder (Microchip) und Versicherung sowie Anzeige der Hundehaltung	Als gefährliche Hunde gelten im Sinne des Gesetzes diese, die aufgrund ihres Verhaltens durch die zuständige Behörde nach Durchführung eines Wesenstest im Einzelfall als gefährlich festgelegt wurden, weil: von Natur aus eine, über das natürliche Maß hinausgehende, Kampfbereitschaft, Angriffslust, Schärfe oder andere vergleichbare Eigenschaften festgestellt wurde. sie einen Menschen gebissen haben, sofern dies nicht zur Verteidigung anlässlich einer strafbaren Handlung geschah. er ein Tier gebissen hat, ohne selbst angegriffen worden zu sein oder einen Artgenossen trotz dessen offensichtlich erkennbarer, arttypischer Unterwerfungsgestik gebissen und schwer verletzt hat. das Tier wiederholt in aggressiver oder Gefahr drohender Weise Menschen angesprungen oder ein anderes aggressives Verhalten gezeigt hat, welches nicht zum eigen Schutz dient. das der Hund durch sein Verhalten gezeigt hat, dass er Vieh, Katzen oder Hunde sowie Wild hetzt oder reißt. Sollte ein Hund aufgrund dieser Punkte von der Behörde als gefährlich eingestuft worden sein, kann dies durch einen Wesenstest widerlegt werden. Der kann allerdings frühestens neun Monate nach der Einstufung erfolgen.

FRAGENKATALOG

Da der Hundeführerschein und Sachkundenachweis von verschiedenen Verbänden angeboten wird und die einzelnen Bundesländer eigene Fragenkataloge haben, bestehen Unterschiede. Manche Bundesländer wie Niedersachsen lassen eine gültige Antwort zu, in Nordrhein-Westfalen sind mehrere richtige Antworten möglich. Informieren Sie sich vorab, was für Sie zutrifft. Hier finden Sie eine Auswahl an gängigen Fragen mit je einer richtigen Antwortmöglichkeit.

DIE GESCHICHTE DES HUNDES

1. Wie alt sind die ältesten Spuren des Haushundes?

A) 5.000 Jahre
B) 5.000 – 10.000 Jahre
C) 15.000 – 40.000 Jahre
D) Über 50.000 Jahre
E) Circa 100.000 Jahre

2. Welches sind die Vorfahren aller Hunde?

A) Hyänen
B) Coyoten
C) Füchse
D) Wölfe
E) Schakale

3. Alle Hunde stammen vom Wolf ab. Dennoch gibt es große Unterschiede, welche?

A) Es gibt keine. Hunde verhalten sich genauso wie Wölfe.
B) Hunde reagieren im Gegensatz zu den meisten Wölfen auf gezielte körpersprachliche Signale des Menschen und erlernen durch die Verknüpfung von Verhalten und Belohnung zuverlässig Sicht- und Hörzeichen.
C) Hunde können im Gegensatz zu Wölfen nicht in großen Rudeln leben.
D) Hunde fressen kein Fleisch.
E) Hunde können nicht heulen.

4. Was versteht man unter der „Domestikation des Hundes"?

A) Zuchtauslese auf ein bestimmtes Merkmal, z. B. Stehohren
B) Verpaarung von Geschwistern
C) Zuchtauslese auf eine bestimmte Eignung, z. B. Blindenführhund
D) Die Haustierwerdung vom Wolf zum Haushund
E) Fremdeinkreuzung in eine bestehende Rasse

5. Wie viele Hunde leben in Deutschland?

A) Circa 5 Millionen
B) Circa 10 Millionen
C) Circa 20 Millionen
D) Circa 30 Millionen
E) Circa 100.000 Millionen

AUSWAHL UND KAUF

6. Was kostet ein Welpe aus einem seriösen Züchterhaushalt durchschnittlich?

A) 100 bis 200 Euro
B) 250 bis 500 Euro
C) 600 bis 1800 Euro
D) 2000 Euro
E) Unter 100 Euro

7. Wie viel kostet das Futter, das ein Hund monatlich verbraucht, durchschnittlich?

A) 25 bis 50 Euro
B) 75 bis 150 Euro
C) 10 bis 15 Euro
D) Über 150 Euro
E) 5 bis 10 Euro

8. Was fällt jährlich durchschnittlich an Impfkosten an?
A) 35 bis 60 Euro
B) 60 bis 80 Euro
C) 10 bis 20 Euro
D) 90 bis 110 Euro
E) Über 110 Euro

9. Wie viele verschiedene Hunderassen gibt es schätzungsweise weltweit?
A) Über 800
B) Über 100
C) Über 300
D) Über 200
E) Über 1.000

10. Welche Hunde bezeichnet man als „Mischlinge"?
A) Nachkommen von Eltern gleicher Rasse, die aber noch keine Zuchttauglichkeitsprüfung abgelegt haben.
B) Nachkommen von Eltern, die aus verschiedenen Ländern stammen.
C) Nachkommen von Eltern gleicher Rasse, bei denen aber ein Elternteil das festgesetzte Zuchtalter deutlich überschritten hat.
D) Nachkommen von Eltern gleicher Rasse, die aber ein deutlich unterschiedliches Temperament haben.
E) Nachkommen von Eltern unterschiedlicher Rassen oder solchen, die keiner Rasse angehören.

11. Sind alle Hunde gleich oder gibt es rassetypische Eigenschaften?
A) Alle Hunde sind gleich.
B) Je nach Rasse weisen die Hunde unterschiedliche Veranlagungen auf.
C) Verschiedene Rassen unterscheiden sich nur durch ihr äußeres Erscheinungsbild.
E) Rassetypische Eigenschaften gibt es nicht, aber anhand der Größe kann man eine Einteilung in „kinderfreundlich", „gefährlich", „leicht zu erziehen" etc. treffen.

12. Sie wollen einen Welpen kaufen. Wie gehen sie vor?
A) Sie suchen im Anzeigenteil Ihrer Tageszeitung nach einem günstigen Angebot.
B) Sie wenden sich an den VDH oder einen entsprechenden Zuchtverein und bitten um Züchteranschriften.
C) Sie suchen einen Züchter, der möglichst viele Rassen zur Auswahl hat. Der hat viel Erfahrung!
D) Sie surfen im Internet und suchen nach einem Schnäppchen.
E) Sie meiden auf jeden Fall den Züchter, der Sie als künftigen Hundehalter zu genau unter die Lupe nimmt.

13. Ab welchem Alter dürfen Hundewelpen laut Tierschutzhundeverordnung von ihrer Mutter getrennt werden?
A) Älter als 12 Wochen
B) Älter als 9 Wochen
C) Älter als 8 Wochen
D) Älter als 4 Wochen
E) Älter als 16 Wochen

14. Sie möchten einen Hund anschaffen und haben ein oder mehrere kleinere Kinder. Welche Entscheidung wäre günstig?
A) Sie suchen einen Hund aus dem Tierheim und hoffen, dass es gut geht.
B) Sie schaffen sich einen älteren, ruhigen Hund an, da diese mit Kindern immer besser klarkommen.
C) Sie holen im Vorfeld Informationen zu Charakter und Haltungsanforderungen diverser Hunderassen ein und wählen dann einen zu Ihnen passenden Hund.
D) Mit mehreren Kindern sollte man davon absehen, sich einen Hund zuzulegen.

15. Wenn man einen Welpen kauft, sollte man ...
A) besonders in der ersten Phase viel Zeit (ggf. Urlaub) haben, um sich bestmöglich um den Hund kümmern zu können.
B) den Züchter gut aussuchen, nur VDH-Züchter haben gute Hunde.
C) unbedingt einen Garten haben, denn sonst ist es sehr problematisch, den Hund stubenrein zu bekommen.
D) sicher sein, dass der Hund auch ins das Auto passt.

16. Unter welchen Umständen sollte man davon absehen sich einen Hund anzuschaffen?
A) Bei Berufstätigkeit, wenn der Hund mehr als sechs Stunden täglich alleine sein müsste.

B) Wenn man einen alten Hund zu Hause hat, das würde schief gehen.
C) Wenn man keinen Garten hat.
D) Wenn man kleine Kinder zu Hause hat.

17. Wie alt kann ein Hund werden?
A) Ca.7 Jahre.
B) Kleine Rassen 3–5 Jahre, große Rassen meistens 16 Jahre.
C) In Abhängigkeit von Größe und Gewicht der jeweiligen Rasse etwa 8–16 Jahre.
D) 25–30 Jahre, wenn keine gefährlichen Krankheiten auftreten.

18. Welche Kriterien zeichnen einen empfehlenswerten Züchter aus?
A) Die Hunde kommen aus einem Zwinger in ruhiger Lage auf dem Land.
B) Der Züchter hat viele verschiedene Rassen zur Auswahl.
C) Die Welpen werden Ihnen gebracht, damit Sie keine Krankheit in die Zucht einschleppen.
D) Die Hunde leben mit familiärem Anschluss im Haus mit Garten, nur ein Wurf ist vorhanden.

19. Wann sollte man vom Welpenkauf absehen?
A) Die Hunde haben keine Papiere.
B) Die Welpen weichen dem Züchter aus.
C) Der Züchter hat mehrere Zuchthündinnen.
D) Die Welpen hören nicht auf Kommandos und springen an Ihnen hoch.

20. Wofür steht die Abkürzung VDH?
A) Verband für das Deutsche Hundewesen
B) Verband der Hunde
C) Verband der Hundehalter
D) Verein der Hundezüchter
E) Verein der Hundefreunde

21. Welche Aufgaben hat der VDH?
A) Immer mehr neue Rassen zu züchten
B) Die Förderung ausschließlich deutscher Hunderassen
C) Interessenvertretung aller Hundehalter und Förderung der Zucht von gesunden und verhaltenssicheren Rassehunden, außerdem die Erziehung, Ausbildung und Beschäftigung mit Hunden.
D) Neue Gesetze zur Hundehaltung zu erlassen
E) Neue Hundevereine zu gründen

22. Wofür steht das VDH-Gütesiegel?
A) Für Hunde mit vielen Championtiteln
B) Für Hunde aus kontrollierter Zucht
C) Für Hunde ohne Ahnentafeln
D) Für Hunde aus dem Ausland
E) Für Hunde aus dem Zoofachhandel

23. Worüber informiert die Ahnentafel eines Hundes?
A) Über seine Abstammung
B) Über seine Zuchttauglichkeit
C) Über seinen Gesundheitszustand
D) Über seinen Formwert
E) Über seine Charaktereigenschaften

24. Welche gesundheitlich unbedenklichen und zeitlich begrenzten Alternativen bieten sich anstelle einer Kastration des Rüden?
A) Eine Sterilisation
B) Regelmäßige Tablettengabe
C) Ein Implantat (GnRH), das bis zu einem Jahr eine Kastration simuliert.
D) Der Hund wird nur noch an der Leine geführt.
E) Der Hund wird im Zwinger gehalten.

25. Werden Hündinnen kastriert oder sterilisiert?
A) Sie werden immer sterilisiert
B) Sie werden in der Regel kastriert, weil bei einer Sterilisation nur die Eileiter abgebunden werden, die Eierstöcke aber erhalten bleiben und zu bösartigen Veränderungen neigen können.
C) Man kann zwischen beiden Methoden wählen, sie sind gleich gut.
D) Weder eine Kastration noch eine Sterilisierung sind bei der Hündin möglich.
E) Sie werden bereits sterilisiert geboren.

26. Wann setzt durchschnittlich die erste Hitze der Hündin ein?
A) Zwischen dem 3. und 4. Lebensmonat
B) 13 – 17 Monate
C) Zwischen dem 18. und 20. Lebensmonat
D) Über 24 Monate
E) Zwischen dem 6. und 12. Lebensmonat

27. Wie kann man einen Hund am sichersten kennzeichnen, damit er ein Leben lang eindeutig erkennbar ist?

A) Mit einer Tätowierung
B) Ich klebe sein Foto in den Heimtierausweis
C) Mit einem Chip
D) Mit Farbe
E) Mit einem auffälligen Halsband

28. Aus welchem Grund sollten Hunde durch einen Mikrochip gekennzeichnet werden?

A) Nur so dürfen Züchter ihre Welpen abgeben.
B) Nur Rassehunde benötigen laut Tierzuchtgesetz eine Kennzeichnung.
C) Weil es ermöglicht, einen Hund zu identifizieren und seinem Besitzer zuzuordnen.
D) Um eine Verwechslung mit anderen Hunden zu vermeiden.

29. Sie planen mit Ihrem Hund innerhalb der EU zu verreisen. Was ist unbedingt erforderlich, um den Hund mitführen zu dürfen?

A) Es gibt diesbezüglich keine EU-Vorschriften.
B) Ein tierärztliches Gesundheits-Gutachten und einen EU-Heimtierausweis.
C) Es ist ein EU-Heimtierausweis mitzuführen, in dem eine gültige Tollwutimpfung sowie eine individuelle Kennzeichnung (Chip) des Hundes eingetragen sind.
D) Eine individuelle Kennzeichnung (Chip) sowie eine wirksame Entwurmung. Da fast alle Länder tollwutfrei sind, ist eine Tollwutimpfung nicht mehr erforderlich.

VERHALTEN UND KOMMUNIKATION

30. Können Hundewelpen bereits im Mutterbauch riechen?

A) Nein, schließlich haben sie Fruchtwasser in der Nase.
B) Nein, diese Sinnesleistung ist in diesem Alter noch nicht entwickelt.
C) Ja, sie riechen ein im Fruchtwasser enthaltenes Pheromon, das auch an der Gesäugeleiste produziert wird, deshalb finden sie mit geschlossenen Augen – anhand des bekannten Geruchs – die Zitzen.
D) Ja, sie nehmen über die Nabelschnur die Geruchswahrnehmung der Mutter auf.
E) Nein, es gibt noch keine Nervenverbindung zwischen Nase und Gehirn des Welpen.

31. Welche Aussage ist bezüglich der Entwicklungsphasen des Welpen falsch?

A) In der neonatalen Phase kann der Welpe noch nicht hören und sehen.
B) In der neonatalen Phase ist der Welpe zur vollständigen Wärmeregulation in der Lage.
C) Im Laufe der Übergangsphase kann der Welpe hören und sehen.
D) Erfahrungen in der Sozialisierungsphase stellen die Basis für das spätere Verhalten dar.
E) Die Entwicklungsphasen der Welpen werden genetisch gesteuert.

32. Ab wann kann ein Welpe hören und sehen?

A) Ab der 3. Lebenswoche
B) Ab der 1. Lebenswoche
C) Ab der 5. Lebenswoche
D) Ab der Geburt
E) Ab der 7. Lebenswoche

33. Von wann bis wann durchlebt der Hund die Sozialisationsphase, in der sich die Basis für das zukünftige Verhalten bildet?

A) Von der Geburt bis zum vollendeten ersten Lebensjahr
B) Von der Geburt bis zum Alter von sechs Monaten
C) Sie beginnt um den 21. Lebenstag herum und erstreckt sich bis zum Alter von 12 bis 14 Wochen
D) Sie beginnt nach der Pubertät
E) Sie beginnt nach der Abgabe des Welpen vom Züchter an den Besitzer

34. In welcher Lebensphase verhalten sich Welpen auffallend angstfrei und lassen sich ganz entspannt an ungewohnte Situationen heranführen?

A) Zwischen der 3. und 5. Lebenswoche
B) Das geht immer
C) Das macht erst ab der 16. Lebenswoche Sinn
D) Hunde sollten keinen ungewohnten Situationen ausgesetzt werden.
E) Nach dem Füttern

35. Der neu angeschaffte Welpe will keine Treppen steigen. Was tun Sie?

A) Anfangs tragen Sie ihn. Wenn er sich eingelebt hat, können Sie anfangen, das Treppensteigen zu üben.
B) Sie ziehen den Hund einfach die Treppe hinauf und hinunter; so wird er es bald lernen.
C) Da Hunde keine Treppen steigen dürfen, wird er getragen.
D) Ein Hund muss bis zum 12. Lebensmonat die Treppe hochgetragen werden.

36. Warum sind besonders die ersten drei Lebensmonate eines Hundes so entscheidend?

A) Die Hunde sammeln in dieser Zeit wichtige Erfahrungen, die ihnen im späteren Leben als Vergleichsmaßstab dienen.
B) In dieser Zeit entwickelt sich das Gehirn besonders langsam. Alle wichtigen Erfahrungen kann ein Hund auch zu einem späteren Zeitpunkt im Leben machen.
C) Durch viel Ruhe und wenige Reize von außen kann man die Verhaltensentwicklung fördern.
D) Die Welpen sollten in dieser Zeit bei der Mutterhündin bleiben, damit sie wichtige Verhaltensweisen von dieser lernen können.

37. Der Welpe sollte am besten:

A) Möglichst wenig Kontakt zur Umwelt bekommen, weil er sonst verunsichert wird.
B) Viel Kontakt zu Menschen, Artgenossen und Umweltreizen haben, damit er später in allen Situationen gut zurecht kommt.
C) Überwiegend im Zwinger gehalten werden.
D) Möglichst wenig Kontakt zu fremden Menschen haben, weil er sich sonst bedroht fühlen könnte.

38. Wie viele Hund-Halter-Teams sollten in einer Welpengruppe maximal pro Trainer betreut werden?

A) 10
B) 2
C) 6
D) 12
E) Nur mit einem Hund

39. Wie sollte eine Welpengruppe zusammengesetzt sein?

A) Am besten spielen dort Hunde derselben Rasse zusammen.
B) Verschiedene Rassen sind wichtig, weil der Welpe auf seine eigene Rasse ohnehin sozialisiert ist.
C) Das ist für den Lerneffekt vollkommen egal.
D) Hunde verschiedener Altersstufen
E) Mindestens ein Wurfgeschwister sollte dabei sein.

40. Was gilt für die ersten 12 – 14 Lebenswochen eines Hundes?

A) Der Welpe wird gleich nach der Geburt auf den Menschen geprägt.
B) Der Hund kann nur in dieser Zeit wichtige Hörlaute wie „Sitz" und „Platz" erlernen.
C) Welpen können in dieser Zeit besonders gut soziale Fähigkeiten entwickeln.
D) In dieser Zeit reagieren Welpen besonders ängstlich auf Veränderungen.

41. Ab wann sollte man eine Welpengruppe besuchen?

A) So früh wie möglich. Schon ab der achten Woche, wenn die Zusammensetzung der Gruppe passt.
B) Erst ab dem fünften Lebensmonat.
C) Da langes oder raues Welpenspiel den Gelenken schadet, sollte man dies gar nicht machen.
D) Gar nicht. Es genügt, wenn der Welpe Kontakt zu einem anderen Hund hat, weil dieser Kontakt dem Hund für eine optimale Entwicklung reicht.

42. Welche der hier angegebenen Kriterien machen einen guten Welpenspielkurs aus?

A) Hunde jeden Alters dürfen teilnehmen.
B) Das Alter der Hunde liegt zwischen 6 und 12 Monaten.
C) Die Gruppengröße beträgt maximal 6 bis 8 Hunde pro Betreuungsperson.
D) Es wird ausschließlich gespielt.

43. Wie bringt man seinem Hund eine zuverlässige Beißhemmung bei?

A) Das muss man gar nicht, sie ist angeboren.
B) Man zeigt dem Hund, dass er der Schwächere ist.
C) Man bricht das Spiel sofort mit einem empörten „Au" ab.
D) Man gibt ihm ein Leckerchen.
E) Man zieht an der Leine.

44. Wie kann einem Welpen die Beißhemmung gegenüber Menschen antrainieren?

A) Die Beißhemmung kann nicht beeinflusst werden, da sie genetisch fixiert ist.
B) Wenn der Welpe zubeißt, wird der Kontakt unverzüglich unterbrochen.
C) Dem Hund wird mit Worten erklärt, dass sein Verhalten falsch ist.
D) Beißt der Hund im Spiel zu, wird er zur Strafe auf den Rücken gedreht.

45. Was sind Kennzeichen von Spiel?

A) Die Spielpartner wechseln des Öfteren ihre Rollen (z.B. vom Wegrennenden zum Hinterherrennenden).
B) Das Spiel findet in gespannter Umgebung statt.
C) Es wird immer das gleiche gemacht, wie z.B. das Werfen und Zurückbringen beim Spiel mit dem Ball.
D) Beim Spielen wird nie geknurrt.

46. Ihr Hund begegnet freilaufend einem anderen freilaufenden Hund, der seinen Schwanz einklemmt und Blickkontakt zu Ihrem Hund vermeidet. Welche der Aussagen trifft auf dieses Verhalten zu?

A) Der andere Hund zeigt sich Ihrem Hund gegenüber unterwürfig.
B) Ihr Hund hat den anderen Hund gerade zum Spiel aufgefordert.
C) Ihr Hund ist sehr dominant.
D) Es hat keine Bedeutung.

47. Körpersprache spielt bei der Kommunikation der Hunde eine entscheidende Rolle, welche charakteristische Körperhaltung zeigt das Imponierverhalten an?

A) hochgezogene Lefzen, Zähne zeigen, angespannte Muskulatur.
B) Eingeknickte Vordergliedmaßen, Hinterbeine aufrecht, wedelnde Rute.
C) steil aufgestellte Rute, durchgedrückte Gelenke, abgewendeter Blick.
D) auf dem Rücken liegen, Blickkontakt meiden.

48. Was bedeutet es, wenn ein Hund einem anderen den Kopf auf den Rücken legt?

A) Er ist unterwürfig.
B) Er macht eine Spielaufforderung.
C) Er ist müde.
D) Es ist eine Imponiergeste.

49. Ist ein Hund, der mit seiner Rute wedelt, generell freundlich gestimmt?

A) Ja, das Wedeln der Rute ist bei Hunden Ausdruck von freundlicher Befindlichkeit.
B) Nein, das Wedeln der Rute sagt bei Hunden nichts über deren Befindlichkeit aus.
C) Nein, Hunde wedeln auch mit der Rute, wenn ihnen kalt ist.
D) Nein, der Hund kann einfach nur erregt sein.

50. Woran kann man erkennen, dass ein Hund unter Stress steht?

A) Hecheln kann auf Stress hindeuten.
B) Betteln nach Futter kann auf Stress hindeuten.
C) Aufforderung zum Spiel kann auf Stress hindeuten.
D) Stress ist eine menschliche Erscheinung. Hunde kennen keinen Stress.

51. Was bedeutet es, wenn sich zwei Hunde direkt in die Augen starren?

A) Es bedeutet, dass sie sich gern haben.
B) Es ist eine Beschwichtigungsgeste.
C) Auf diese Weise bedrohen sie sich gegenseitig.
D) Sie wollen miteinander spielen.

52. Was für eine Bedeutung hat es, wenn sich ein Hund flach auf den Boden legt und einen entgegenkommenden Hund mit dem Blick fixiert?

A) Er möchte vermutlich einen „Angriff" starten. Dieser Angriff kann spielerisch oder ernst ausgerichtet sein.
B) Er ist müde und möchte sich schnell noch ein wenig ausruhen, bis der andere Hund da ist.
C) Es hat gar nichts mit dem anderen Hund zu tun, sondern ist ein Zeichen von starken Bauchschmerzen.
D) Der liegende Hund verhält sich unterwürfig.

LERNVERHALTEN UND ERZIEHUNG

53. Was versteht man unter Habituation?

A) Der Hund gewöhnt sich an Reize, die ihm zuvor Angst machten.
B) Der Hund reagiert empfindlicher auf bestimmte Reize.
C) Der Hund ignoriert zunehmend Reize, die zuvor neutral besetzt waren.
D) Der Hund gewöhnt sich an seinen Besitzer.
E) Der Hund gewöhnt sich an die neue häusliche Umgebung.

54. Was versteht man unter Sensibilisierung?

A) Der Hund lernt, bestimmte Reize zu ignorieren.
B) Der Hund zeigt eine verstärkte Reaktion auf einen bestimmten Reiz.
C) Der Hund wird immer nervöser.
D) Der Hund wird einfühlsam.
E) Der Hund wird ängstlicher.

55. Was versteht man unter Assoziativem Lernen?

A) Der Hund verknüpft zwei Ereignisse, die nacheinander stattfinden.
B) Der Hund verknüpft zwei Ereignisse miteinander, die fast zeitgleich stattfinden.
C) Der Hund verknüpft zwei Ereignisse, zwischen denen mehrere Tage liegen.
D) Der Hund erinnert sich an Erlebnisse aus dem Welpenalter.
E) Der Hund kann die Kommandos seines Halters vorhersehen.

56. Was versteht man unter operanter bzw. instrumenteller Konditionierung?

A) Der Hund entscheidet sich von selbst, eine bestimmte Verhaltensweise zu zeigen und erhält dafür eine Reaktion aus der Umwelt. Diese Verknüpfung wirkt sich auf sein zukünftiges Verhalten aus.
B) Der Hund zeigt auf ein bestimmtes Signal hin eine bestimmte Verhaltensweise.
C) Der Hund wird mithilfe eines Leckerchens dazu motiviert, eine bestimmte Verhaltensweise zu zeigen.
D) Der Halter bewirkt durch Spielen eines Instrumentes die gewünschte Reaktion beim Hund.
E) Der Hund erlangt durch dieses Training eine bessere Ausdauerleistung.

57. Wie lernen Hunde am besten?

A) Durch negative Belohnung und positive Strafe
B) Durch unregelmäßiges Training
C) Durch positive Belohnung und positive Strafe
D) Nach dem Fressen
E) Durch positive Belohnung und negative Strafe

58. Spricht man bei Hunden von Trieben oder von Motivationen?

A) Von Trieben
B) Von Motivationen, die Bezeichnung Trieb ist veraltet.
C) Es gibt beides
D) Weder noch
E) Man spricht von triebgesteuerter Motivation.

59. Was versteht man unter einer Motivation?

A) Die deutliche Bereitschaft des Hundes, zu gehorchen.
B) Einen Erregungszustand, der den Hund veranlasst, nach einem bestimmten Objekt oder Ziel zu streben, zum Beispiel: Beute machen, jagen oder spielen.
C) Die Entscheidung, eigene Wege zu gehen
D) Leckerchen geben
E) Seinem Trieb zu folgen

60. Was versteht man unter positiven Verstärkern?

A) Sie erhöhen die Motivation, etwas zu tun und somit die Lernbereitschaft. Positive Verstärker können beispielsweise Leckerchen oder Spielzeuge sein.
B) Sie helfen, den Hund zu unterdrücken.
C) Diese braucht man nur für ungehorsame Hunde.
D) Sie erhöhen die Lautstärke der Rufkommandos.
E) Sie helfen dem Hund, lauter zu bellen.

61. Was versteht man unter Sozialisations- und Habituationsphase (sensible Phase)?

A) Die Tageszeiten, in denen der Hund besonders sensibel ist, z.B. morgens.
B) Die Zeitspanne, in der Hunde kritisch reagieren können, z.B. beim Fressen oder wenn man sie aufweckt.

C) Die Zeit zwischen 3. und 14. Lebenswoche, hier ist der Hund ganz besonders aufnahme- und lernfähig.
D) Die Phase bis zum Öffnen der Augen. Mit sensibler Phase ist die besondere Sensibilität der Haut durch Berührung in dieser Zeit gemeint.

62. Was ist die Voraussetzung für erfolgreiches Lernen?
A) Viele Trainingseinheiten, mindestens jedoch 20 Minuten am Stück
B) Rennen und Herumtollen.
C) Ausgiebiger Schlaf.
D) Abspeicherung von Informationen im Gedächtnis.

63. Welche Aussage trifft auf Einzel- oder Gruppenstunden einer guten Hundeschule zu?
A) Die Gruppengröße umfasst mindestens 12 Hunde, ihre Halter und einen Trainer.
B) Der Trainer wirkt entspannt und souverän.
C) In einer Übungsstunde wird immer nur ein Kommando geübt und es wird immer nur an einem bestimmten Ort trainiert.
D) Es wird ausschließlich mit einer Rasse trainiert, z.B. Mops.

64. Auf was muss man beim Einsatz von Belohnungen achten?
A) Der Hund sollte mindestens zwei Minuten lang das erwünschte Verhalten gezeigt haben, bevor er belohnt wird.
B) Spielen mit dem Hund eignet sich nicht als Belohnung, da der Hund das Training dann nicht ernst nimmt.
C) Das Belohnen mit Leckerli sollte vermieden werden, denn sie verleiten den Hund nur zum Betteln.
D) Der Hund sollte anfangs immer, später nur noch ab und zu belohnt werden.

65. Was passiert, wenn man ein bestimmtes Verhalten mit Futter belohnt?
A) Der Hund wird dieses Verhalten in Zukunft häufiger zeigen.
B) Der Hund zeigt dieses Verhalten nur noch, wenn er sieht, dass man Futter dabei hat.
C) Der Hund sollte aus Treue zum Besitzer brav sein und nicht, weil er mit Futter bestochen wird.
D) Der Besitzer wird als „Rudelführer" nicht mehr ernst genommen, weil er weiß, dass er bei ihm Futter erbetteln kann.

66. Was ist geeignet, um den Welpen möglichst früh stubenrein zu bekommen?
A) Wenig zu essen und zu trinken geben
B) Den Welpen nach dem Schlafen, Spielen und Fressen möglichst direkt nach draußen bringen.
C) Ihn mit der Nase in das „Malheur" hineinstubsen.
D) Laut schimpfen, wenn es passiert ist.
E) Eine aufgeblasene Papiertüte knallen lassen: dann erschrickt er nachhaltig.

67. Wie viele Trainingseinheiten pro Tag bringen bei der Basiserziehung den besten Erfolg?
A) Am besten zwei Stunden am Stück trainieren.
B) Zweimal täglich eine Stunde ist ideal.
C) Maximal 4 bis 5 kurze Trainingseinheiten täglich bringen den besten Lernerfolg.
D) Mindestens zwei Trainingseinheiten pro Stunde
E) Jeweils eine Trainingseinheit nach dem Füttern

68. In welcher Reihenfolge steigert man die Anforderungen beim Abfragen der Basissignale für „Sitz", „Platz", „Bleib"?
A) Ablenkende Reize erhöhen, dann die Distanz zwischen Hund und Halter erhöhen, danach die Dauer des ausgeführten Signals verlängern.
B) Erst einmal weiter vom Hund weggehen, dann die Dauer der Ausführung erhöhen und schließlich für mehr Ablenkung sorgen.
C) Die Reihenfolge ist völlig egal.
D) Zunächst wird die Dauer der Ausführung erhöht, danach die Distanz zwischen und Trainer vergrößert und dann ablenkende Reize gesetzt.
E) Man sollte die Anforderungen nicht steigern, der Hund wird ansonsten überfordert.

69. Wie oft sollte der Halter ein Hörzeichen wiederholen, wenn der Hund nicht beim ersten Mal reagiert?
A) Zweimal ist o.k., vielleicht hat der Hund das erste Hörzeichen nicht wahrgenommen.
B) Nur einmal, ansonsten lernt der Hund, dass es

völlig ausreicht, erst nach mehreren Wiederholungen zu reagieren.
C) Man ruft so oft, bis der Hund endlich reagiert.
D) Dreimal, weil man nur so die Aufmerksamkeit des Hundes gewinnen kann.
E) Bis zu zehnmal, durch die Wiederholung kann sich der Hund das Hörzeichen besser einprägen.

70. Was versteht man unter einem Fehler-Wort?
A) Das ist ein bestimmtes Wort, das den Hund – in jeder erdenklichen Situation – zuverlässig von unerwünschtem Verhalten abhält.
B) Das ist ein falsch eingesetztes Hörzeichen.
C) Das ist ein Wort, das den Hund in seinem Verhalten bestärkt.
D) Das ist ein Hörzeichen, das der Hund nicht versteht.
E) Das ist ein falsch ausgesprochenes Hörzeichen.

71. Was versteht man unter einem Lob-Wort?
A) Das ist ein Wort, das dem Hund sofort das Gefühl vermittelt, etwas richtig gemacht zu haben.
B) Das ist ein Wort, das man immer wieder zwischendurch einsetzen kann, um dem Hund zu zeigen, dass man ihn mag.
C) Damit lenkt man den Hund ab, wenn er unerwünschtes Verhalten zeigt.
D) Mit einem Lob-Wort tröstet man den Hund, wenn er Kummer hat.
E) Ein Hörzeichen, mit dem der Hund gerufen wird.

72. Wie kann man einen Hund loben?
A) Man kocht ihm nach einer Übung sein Lieblingsessen.
B) Lob ist nicht erforderlich, der Hund weiß, dass er die Aufgabe gelöst hat.
C) Man lässt ihn stromern gehen.
D) Man gibt ihm Sozialkontakt, Streicheleinheiten oder Leckerlies.

73. Wann beginnt die Erziehung eines Hundes?
A) Ab dem vollendeten ersten Lebensjahr.
B) Ab dem sechsten Lebensmonat.
C) Direkt bei der Übernahme des Tieres.
D) Eine besondere Erziehung ist nicht nötig.

74. Welche Maßnahmen zur Erziehung sind sinnvoll?
A) Auf-den Rücken-Drehen und Festhalten im Halsbereich.
B) Nackenfell-Schütteln.
C) Nichtbeachten des Hundes, wenn die Situation es zulässt.
D) Hartes Rucken an der Leine.

75. Welche Aussage ist in Bezug auf Hundeerziehung richtig?
A) Hunde müssen nicht erzogen werden.
B) Durch das Vorgeben von Regeln und Grenzen können Hunde lernen, sich richtig zu verhalten.
C) Es ist sinnlos Hunde zu bestrafen, weil sie instinktiv handeln und ihr Verhalten nicht steuern können.
D) Hunde reagieren nur auf Gesten von Menschen, deshalb sind Emotionen unnötig.

76. Was passiert, wenn ein Hund als Erziehungsmaßnahme häufig und hart bestraft wird?
A) Er wird die Übung schnell und zuverlässig ausführen, denn so lernt er, dass er brav sein muss.
B) Erziehung über Strafen ist besser als mit Leckerlies, da der Hund sonst verweichlicht.
C) Hunde verhalten sich untereinander auch grob und aggressiv, deshalb verstehen sie das am besten.
D) Der Hund könnte aggressiv reagieren, weil er sich bedroht fühlt.

77. Welche Aussage trifft für den Einsatz von Elektroreizgeräten in der Hundeerziehung zu?
A) Es ist eine einfache und schnelle Methode, die sehr erfolgreich in der Erziehung eingesetzt werden kann.
B) Es können Fehlverknüpfungen und Angstverhalten daraus resultieren. Der Einsatz von Elektroreizgeräten, die erhebliche Leiden oder Schmerzen verursachen können, ist bei der Hundeausbildung nach geltendem Tierschutzrecht verboten.
C) Der Hund weiß dadurch, dass er nicht machen kann, was er will.
D) Die meisten Hunde reagieren gar nicht auf den Stromimpuls.

78. Was sollte man im Umgang mit dem Hund beherzigen?
A) Gleichberechtigung und liebevollen Umgang
B) Geduld, Lob und Konsequenz
C) Unnachgiebige Härte
D) Laute Kommandos

79. Warum ist es ratsam, dem Hund so früh wie möglich abzugewöhnen, an Menschen hochzuspringen?
A) Durch das Anspringen können Hunde Menschen erschrecken und/oder verletzen.
B) Kleinen Hunden braucht man das Anspringen nicht abgewöhnen, da sie weder Kleidung zerreißen noch jemanden erschrecken.
C) Als ein Zeichen großer Freude, das nichts mit Aggressivität zu tun hat, muss man dem Hund das Anspringen nicht abgewöhnen. Es ist eine freundliche Geste.
D) Da der Hund nur freundlich Kontakt aufnehmen will, ist es ein Zeichen der Fürsorge, dies zuzulassen.

80. Was sollte man beachten, die Stubenreinheit des Hundes zu trainieren?
A) Nach dem Fressen, Trinken, Spielen, Schlafen geht man mit ihm an einen ruhigen Ort raus.
B) Wenn er in die Wohnung pinkelt, wird er am Nackenfell geschüttelt.
C) Er wird mit seiner Nase in den Urin gestupst, damit er lernt, dass er das nicht darf!
D) Das Trinkwasser wird rationiert, sodass der Hund nicht soviel trinkt.

81. Wie oft und wie lange sollte man mit einem Hund trainieren?
A) Mindestens einmal am Tag eine Stunde lang.
B) So häufig wie möglich, aber immer nur kurz, damit sich der Hund gut konzentrieren kann.
C) Es ist wichtig, dass man immer zur selben Zeit übt und zwar so lange, wie der Hund sich konzentrieren kann.
D) Damit der Hund nicht überfordert wird, sind zwei kurze Übungen auf jedem Spaziergang absolut ausreichend.

82. Sie entdecken den leer geräumten Küchenmülleimer und sind wirklich sauer. Haben Hunde ein schlechtes Gewissen?
A) Das kommt auf die Erziehung des Hundes an.
B) Nein, sie reagieren auf die Körpersprache ihres aufgebrachten Menschen.
C) Ja, denn Hunde können zwischen Gut und Böse unterscheiden.
d) Das kommt ganz auf die Hunderasse an.

DIE MENSCH HUND-BEZIEHUNG

83. Wie entstehen beim Hund Vertrauen und Bindung zum Menschen?
A) Indem man dem Hund mit aller Härte zeigt, wer der Stärkere ist.
B) Indem man immer lieb und freundlich zum Hund ist.
C) Durch nachvollziehbare und konsequente Erziehung.
D) Indem man ihn regelmäßig füttert.
E) Durch regelmäßige Spaziergänge.

84. Wie kann man eine gute Bindung zwischen Hund und Mensch fördern?
A) Der Hund darf stets freilaufen.
B) Durch regelmäßige Sozialkontakte, konsequente Führung und Spiel.
C) Durch die Einhaltung eines geregelten Lebens.
D) Nur indem man mit dem Hund viel spielt.

85. Was sollte in Haushalten mit Hund und Krabbelkindern beachtet werden?
A) Nichts. Der Hund wird das Kind bedingungslos akzeptieren.
B) Der Hund sollte auf jeden Fall Rückzugsmöglichkeiten haben, wohin das Krabbelkind nicht folgen kann.
C) Das kommt ganz auf den Hund an.
D) Der Hund sollte im Bett des Kindes schlafen.
E) Hund und Kind sollten regelmäßig zusammen alleine gelassen werden.

86. Was kann zu Problemen führen, wenn Kinder Hunden begegnen?
A) Wenn die Kinder dem Hund direkt in die Augen starren.
B) Kinder bewegen sich langsam und besonnen, somit haben auch ängstliche Hunde keine Furcht.
C) Wenn Kinder ruhige und bestimmte Gesten als Sichtzeichen einsetzen.

D) Wenn Kinder warten, dass der Hund von sich aus Kontakt sucht und sie dann zunächst die Hand beschnüffeln lassen.

87. Ihr Kleinkind krabbelt auf Ihren schlafenden Hund zu. Wie schätzen Sie die Situation ein?

A) Der Hund kennt das Kind, er wird ihm ganz sicher nichts tun.
B) Der Mensch ist immer höher in der Rangordnung innerhalb des Rudels. Der Hund wird das akzeptieren und dem Kind nichts tun.
C) Ein Kleinkind ist in seinen Handlungen schwer berechenbar. Es wäre besser, das Kind aus der Nähe des Hundeplatzes wegzubringen.
D) Der Hund kennt das Kind, wenn er erwacht, kann er entscheiden, ob er aufsteht und weggeht.

88. Sollte ein Kind von 7 Jahren dem Familienhund das Futter geben?

A) Nie, denn die Fütterung eines Tieres ist immer die Pflicht der Erwachsenen.
B) Da beide immer Freunde bleiben sollen, kann das Kind dem Hund jederzeit Futter oder Leckerchen geben.
C) Ja, wenn es versteht, welche tägliche Futtermenge das Tier benötigt auch ohne Aufsicht.
D) Ja, wenn das Kind dem Hund unter Aufsicht den Napf hinstellt und der Hund erst auf Kommando herangeht.

89. Was kann zu Problemen zwischen Hunden und Kindern führen?

A) Kinder können auf Spielideen kommen, die Hunden unangenehm sind.
B) Kinder deuten Hundeverhalten instinktiv richtig und verhalten sich aus Hundesicht angemessen.
C) Zwischen Kindern und Hunden gibt es keine Probleme, denn sie sind gleichermaßen spielbegeistert und verstehen sich immer gut.
D) Hunde wissen, dass sie mit einem Kind besonders vorsichtig sein müssen.

90. Ihr zehnjähriges Kind hat Freunde eingeladen, sie wollen mit Ihrem Hund, der durchaus folgsam ist, gemeinsam spazieren gehen. Erlauben Sie es?

A) Nur in Begleitung eines Erwachsenen.
B) Da der Hund gut folgt, dürfen die Kinder mit ihm gehen.
C) Nur, wenn Ihr Kind verspricht, dass jeder ihn mal führen darf.
D) Kinder in dem Alter können gut Entscheidungen in eventuellen Konfliktsituationen fällen und den Hund sicher führen.

PROBLEMVERHALTEN

91. Bei einem Hund, der gerade Angst hat, wird versucht, ihn mit Worten und durch Streicheln zu beruhigen. Was passiert?

A) Der Hund wird sich entspannen und seine Angst verlieren.
B) Er kann sich in seiner Angst bestätigt fühlen.
C) Der Hund wird in Zukunft besser gehorchen, weil er sich angenommen fühlt.
D) Der Hund wird aggressiv reagieren.

92. Wenn ein Hund sich in der Stadt immer ängstlich verhält, wie sollte man reagieren?

A) Er darf freilaufen, um Angst einflößende Objekte selbständig umgehen zu können.
B) Man sucht sich professionelle Hilfe.
C) Nicht mehr mit ihm in die Stadt gehen.
D) Man sollte die Angst des Hundes ignorieren und weiterhin mit ihm in die Stadt gehen. Die Angst verschwindet von allein.

93. Wie reagieren Sie am besten, wenn Ihr Hund ängstliches Verhalten beim Anblick eines Gegenstandes zeigt?

A) Man sollte den Hund beruhigen und ihm erklären, dass er keinen Grund hat, sich vor diesem Gegenstand zu fürchten.
B) Man sollte den Hund für seine Angst bestrafen.
C) Man sollte die Angst des Hundes in diesem Augenblick ignorieren und weitergehen.
D) Man geht am besten näher mit dem Hund ran und hält die Nase an den Gegenstand, bis er sich nicht mehr fürchtet.

94. Welche der folgenden Aussagen trifft zu?

A) Hunde, die Angst haben, können zubeißen.
B) Wenn ein angeleinter Hund ausweichen kann, beißt er nicht zu.

C) Hunde, die Angst haben, beißen nicht.
D) Man kann einen ängstlichen Hund immer anfassen, wenn man es behutsam macht.

95. Sollte man ängstlichen Hunden einen Maulkorb aufziehen, wenn es die Situation erfordern würde?
A) Nein, auf keinen Fall; der Hund würde hierdurch noch mehr Angst bekommen.
B) Ja, wenn man den Hund schrittweise daran gewöhnt, stellt der Maulkorb keine Belastung dar.
C) Nein, denn ein ängstlicher Hund ist nicht aggressiv.
D) Nein, denn es gibt bei einem ängstlichen Hund keine Situation, die einen Maulkorb erforderlich macht.

96. Kennzeichen von Angst bei einem Hund sind ...
A) die hoch aufgerichtete Rute.
B) aufmerksam nach vorne gerichtete Ohren.
C) Vermeidung des Blickkontaktes.
D) eine entspannte Körperhaltung.

97. Nennen Sie typische Signale, an denen man ängstlich-unterwürfiges Verhalten erkennen kann.
A) Blickkontakt halten.
B) Sich klein machen und ducken.
C) Ohren aufstellen und wedeln.
D) Zum Spielen auffordern.

98. Macht die Fütterung mit rohem, blutigem Fleisch einen Hund aggressiv?
A) Ja, wenn die Hunde einmal Blut geschmeckt haben, wollen sie es immer wieder haben.
B) Nein, der Geschmack des Fressens hat nichts mit der Aggressionsbereitschaft zu tun.
C) Ja, denn der Eiweißgehalt im Futter ist sehr hoch.
D) Nein, weil der Hund zufrieden ist, wenn er rohes, blutiges Fleisch gefressen hat und dann keinen Grund mehr zu aggressiven Verhalten hat.

99. Warum reagieren viele Hunde an der Leine aggressiver?
A) Sie fühlen sich an der Leine mutiger.
B) Hunde können sich dann nicht frei bewegen. Sie können nicht ausweichen und fühlen sich schneller bedroht.
C) Hunde sehen in der Leine eine Ressource.
D) Hunde ärgern sich über die Leine und übertragen ihre Wut auf den anderen Hund.

100. Was kann bei einem Hund zu verstärkter Aggression führen?
A) Die Fütterung von Getreide.
B) Unbewusste Bestätigung durch den Halter, wie z.B. das beruhigende Zureden oder Streicheln des pöbelnden Hundes durch den Halter.
C) Die Fütterung mit rohem Fleisch.
D) Eine häufige Ursache sind Raufspiele.

101. Ist es ein Zeichen von Aggression, wenn ein Hund auf dem Spaziergang zu einer fremden Person hinrennt und diese unvermittelt anspringt?
A) Nicht unbedingt, aber es ist ein Verhalten, das man dem Hund frühzeitig abgewöhnen sollte.
B) Ja, Anspringen ist ein aggressives Verhalten.
C) Nein, das Anspringen ist als Spielaufforderung zu verstehen.
D) Nein, es ist ein Zeichen großer Zuneigung.

102. Welche Gesten sind Anzeichen von Aggression ohne Zeichen von Angst oder Stress?
A) Der Hund macht sich klein und versucht zu fliehen.
B) Er hechelt und hat dabei den Schwanz eingeklemmt und die Ohren nach hinten gelegt.
C) Er gähnt und leckt sich häufig über die Nase.
D) Er hat die Ohren nach vorne gestellt und zieht die Lefzen hoch.

103. Ihr Hund knurrt jeden Besuch an, der zu Ihnen kommt und den Hund streicheln will. Was tun Sie?
A) Hier ist ein Verhaltenstraining sinnvoll. Sie holen sich professionellen Rat.
B) Sie erklären dem Hund, dass er das nicht tun darf.
C) Sie fassen das Tier im Nackenfell und schütteln es, damit es nicht mehr aggressiv ist.
D) Als einzige Maßnahme informieren Sie Ihren Besuch, dass der Hund keine intensive Kontaktaufnahme mag.

104. Ihr eigener Hund knurrt Sie seit einigen Tagen immer an, wenn Sie ihn auf dem Rücken streicheln. Was tun Sie?

A) Sie suchen einen Tierarzt auf und lassen Ihren Hund untersuchen.
B) Sie streicheln den Hund nicht mehr auf dem Rücken.
C) Sie schimpfen laut mit ihm.
D) Sie streicheln ihn nur an diesen Stellen, um ihn zu provozieren.

105. Sind Hunde immer noch Raubtiere?

A) Ja, in verschieden starker Ausprägung.
B) Ja, aber nur Jagdhunde.
C) Nein, Jagen ist eine Verhaltensstörung.
D) Nein, nur in seltenen Ausnahmefällen.

106. Sind unsere heutigen Hunde immer noch Jäger?

A) Ja, rassebedingt in unterschiedlicher Ausprägung.
B) Nur, wenn man sie zur Jagd ausgebildet hat.
C) Nein, Jagdverhalten ist eine krankhafte Verhaltensstörung.
D) Nein, man konnte das Jagdverhalten durch Zucht völlig eliminieren.

107. Ihr Hund heult und bellt, wenn Sie ohne ihn aus der Wohnung gehen. Was machen Sie?

A) Ich finde es gut, wenn mein Hund wachsam ist und viel bellt.
B) Die Nachbarn müssen sich daran gewöhnen, deshalb mache ich nichts.
C) Ich suche mir professionellen Rat.
D) Ich gehe umgehend zurück und bestrafe ihn.

108. Wie reagieren Sie, wenn Sie aus der Wohnung gehen und Ihren Hund Minuten später bellen oder heulen hören?

A) Ich gehe sofort zurück und bestrafe ihn, denn er muss leise sein, wenn ich nicht da bin.
B) Ich mache gar nichts, denn ich finde es gut, dass mein Hund wachsam ist und viel bellt.
C) Ich mache nichts, denn die Nachbarn müssen sich daran gewöhnen.
D) Ich suche professionellen Rat.

109. Wie bringt man dem Hund bei, alleine zu Hause zu bleiben?

A) Er sollte im ersten Lebensjahr niemals alleine zu Hause gelassen werden. Später bereitet es dem Hund keine Probleme mehr.
B) Das Alleine-Bleiben wird schon im Welpenalter schrittweise trainiert.
C) Hunde sollten niemals alleine gelassen werden.
D) Ein Hund kann das Alleine-Bleiben von Anfang an und muss es nicht erst lernen.

110. Sie kommen nach Hause. Ihr Hund war mehrere Stunden allein. In der Zeit hat er den Teppich zerstört. Was machen Sie?

A) Sie schimpfen ihn aus und geben ihm zur Strafe abends kein Futter.
B) Sie nehmen sich die Zeit und erklären dem Hund, dass Sie doch niemals mehr als zwei Stunden wegbleiben.
C) Sie ignorieren Hund und Schaden und besprechen das Problem mit einem verhaltenstherapeutisch geschulten Tierarzt/Trainer.
D) Sie setzen dem Hund einfach beim nächsten Alleinlassen einen Maulkorb auf.

111. Warum zerstören manche Hunde Teile der Wohnung, wenn sie alleine zu Hause bleiben müssen?

A) Das machen nur besonders ordentliche Hunde, sie wollen aufräumen.
B) Sie wollen sich am Besitzer rächen, denn am liebsten wären sie mitgegangen.
C) Solche Hunde leiden häufig unter so genannter Trennungsangst.
D) Der Hund hatte vermutlich Hunger.

GESUNDHEIT, PFLEGE UND ERNÄHRUNG

112. Wie oft sollte man einen Hund füttern?

A) Einmal täglich reicht auf jeden Fall.
B) Junge Hunde sollten bis zur Vollendung des ersten Lebensjahres mehrmals täglich Futter bekommen, große Rassen lebenslang zweimal täglich, bei anderen reicht in der Regel eine Fütterung pro Tag.

C) Immer drei Mahlzeiten täglich
D) 3–4 mal in der Woche
E) Immer dann, wenn der Hund hungrig ist.

113. Sollten große Hunde nach der Fütterung ruhen?

A) Sie sollten nach dem Fressen circa eine Stunde lang keiner nennenswerten körperlichen Anstrengung ausgesetzt werden, weil ansonsten das Risiko einer Magendrehung besteht.
B) Hunde können nach dem Fressen gleich weiter toben und spielen. Wölfe ruhen sich ja auch nicht aus.
C) Das gilt nur für Hunde, die aus Linien stammen, in denen schon oft Magendrehungen vorkamen.
D) Nein, denn zu lange Ruhephasen nach der Fütterung verursachen eine übermäßige Gewichtszunahme.
E) Ja, sie dürfen sich bis zum nächsten Tag nicht bewegen.

114. Was ist bei der Fütterung meines Hundes zu beachten?

A) Empfehlenswert ist der Einsatz von altersgerechten Fertigfuttermitteln.
B) Der Hund sollte immer aus seinem eigenen Napf gefüttert werden.
C) Besonders junge Hunde größerer Rassen sollten sich jederzeit satt fressen können.
D) Hunde sollten überwiegend mit Frischfleisch ernährt werden.

115. Warum sollten Hunde keine Geflügelknochen fressen?

A) Hunde sollten generell keine Anteile von Geflügel bekommen.
B) Die Knochen splittern leicht und verursachen unter Umständen Verletzungen im Verdauungsapparat.
C) Hunde bekommen davon Mundgeruch.
D) Geflügelknochen enthalten Stoffe, die für Hunde giftig sein können.

116. Wie viel sollte ein ausgewachsener Hund zu fressen bekommen?

A) So viel, wie er braucht, damit er eine schlanke Figur hat und weder zu- noch abnimmt.
B) Hunden kann man Futter zur freien Verfügung hinstellen, sie fressen nur so viel, wie sie brauchen.
C) Hunde sollten stets genug zu fressen bekommen. Die Einhaltung eines Fastentages ist aber von ausschlaggebender Wichtigkeit für das Wohlergehen und die Gesundheit.
D) Hunde sollten immer ein bisschen Hunger haben, denn sonst neigen sie zu Ungehorsam.

DIE SINNE DES HUNDES

117. Welchen Radius deckt das Gesichtsfeld des Hundes ab?

A) 250 Grad
B) 180 Grad
C) 190 Grad
D) 90 Grad
E) 360 Grad

118. Wie viele Geruchsrezeptoren haben Hunde?

A) 200 Millionen
B) 100 Millionen
C) 50 Millionen
D) 10 Millionen
E) 1 Million

119. Welcher der folgenden Sätze ist nicht zutreffend?

A) Der Hund besitzt mehr Riechzellen als der Mensch.
B) In der Haut des Hundes befinden sich Tast-, Temperatur- und Schmerzsinneszellen.
C) Der Hund sieht schärfer als der Mensch.
D) Hunde sind Bewegungsseher.

120. Welche Aussage ist richtig?

A) Die Gehörgänge sollten täglich, am besten mit Wattestäbchen gereinigt werden.
B) Das Dämmerungssehen des Hundes ist sehr gut ausgebildet.
C) Hunde und Menschen haben den exakt gleichen Hörbereich.
d) Beim Farbensehen ist der Hund dem Menschen überlegen.

FORTPFLANZUNG UND KASTRATION

121. Was sind die typischen Symptome einer Scheinträchtigkeit?

A) Die Hündin hat ein vermehrtes Hungergefühl.
B) Spielzeug wird umhergetragen und behütet.
C) Die Hündin hat vermehrt Durst.
D) Die Hündin schläft den ganzen Tag.

122. Was sollte man beachten, wenn man mit seiner läufigen Hündin spazieren geht?

A) Bei der ersten Läufigkeit kann noch nichts passieren, die Hündin kann dann noch nicht tragend werden.
B) Man sollte die Hündin während der gesamten Läufigkeit an der Leine führen.
C) Manche Hündinnen reagieren während der Läufigkeit Rüden gegenüber aggressiver als sonst.
D) Die Hündin setzt während der Läufigkeit oft keinen Harn ab. Man muss deshalb zum Tierarzt gehen.

123. Bei einer Kastration werden:

A) Beim männlichen Tier die Hoden entfernt, weibliche Tiere werden sterilisiert.
B) Die Hoden bzw. Eierstöcke entfernt.
C) Die Eileiter bzw. die Samenleiter durchtrennt.
D) Die Tiere vorübergehend zeugungsunfähig gemacht.

124. Welche der folgenden Aussagen ist richtig?

A) Rüden sind in der Regel ab dem 8. Lebensjahr nicht mehr zeugungsfähig.
B) Hündinnen werden mit Eintritt der Geschlechtsreife läufig. Die Läufigkeit tritt in der Regel zweimal im Jahr auf und dies ein Leben lang. Während der Läufigkeit ist die Hündin fruchtbar und fortpflanzungsfähig.
C) Hündinnen können ab dem ersten Tag der Läufigkeit erfolgreich gedeckt werden.
D) Hündinnen können nur in der Zeit zwischen dem 11. – 13. Tag der Läufigkeit tragend werden.

125. Man ertappt zwei Hunde beim Deckakt in der Phase des „Hängens". Was kann man tun?

A) Man sollte den Rüden so schnell wie möglich von der Hündin wegreißen, wenn kein Nachwuchs erwünscht ist.
B) Man kann in diesem Moment nichts mehr tun. Die Dinge nehmen ihren Lauf. Man sollte möglichst sofort danach mit dem Tierarzt über bestehende Möglichkeiten sprechen.
C) Man sollte die Hunde schnellstmöglich mit kaltem Wasser übergießen, um den Deckakt zu unterbinden und eine Trächtigkeit zu verhindern.
D) Man darf die Tiere trennen, um keine Welpen zu bekommen.

PFLEGE UND GESUNDHEIT

126. Darf man Hunde baden?

A) Nein, auf keinen Fall. Darunter leiden Haut und Fell.
B) Aber sicher. Es spricht nichts gegen ein gelegentliches Bad, wenn dabei ein sanftes Hundeshampoo verwendet wird, das Haut und Fell pflegt.
C) Das ist nur etwas für Ausstellungshunde.
D) Nein, Hunde haben Angst vor Wasser.
E) Das hängt von der Rasse ab.

127. Was sind Ektoparasiten?

A) Parasiten der inneren Organe
B) Parasiten, die Gewebe befallen
C) Parasiten der Körperoberfläche, zum Beispiel: Zecken, Milben und Flöhe
D) Parasiten, die vom Menschen auf den Hund übertragen werden.
E) Parasiten, die der Hund mit der Nahrung aufnimmt.

128. Was sind Endoparasiten?

A) Parasiten, die Hundeohren befallen
B) Parasiten der inneren Organe, Körperhöhlen und Gewebe, zum Beispiel: Würmer
C) Flöhe
D) Zecken
E) Milben

129. Ihr Hund schüttelt seit Tagen ständig den Kopf. Was sollten Sie tun?
A) Der Hund hat Schmutz in den Ohren, Sie sprühen ihm mit reichlich Seifenlösung die Ohren aus.
B) Der Hund könnte eine Ohrenentzündung haben, Sie konsultieren Ihren Tierarzt.
C) Der Hund ist mit etwas unzufrieden und tut so seinen Unwillen kund. Sie überprüfen, ob er genug Futter bekommt.
D) Kopfschütteln gehört zum Spielaufforderungsverhalten, Sie spielen mehr mit ihm.

130. Welche Vorsorgemaßnahmen sollten zur Gesunderhaltung des Hundes getroffen werden?
A) Den Hund beim Tierarzt untersuchen lassen und bei Bedarf entwurmen.
B) Den Hund jede Woche einmal mit Flohshampoo waschen.
C) Darauf achten, dass der Hund immer einen gefüllten Fressnapf hat.
D) Nur das teuerste Futter kaufen.

131. Gibt es Dinge, die man prophylaktisch tun kann, damit der Hund gesund bleibt?
A) Ja, der Hund sollte z.B. regelmäßig geimpft werden.
B) Ja, man sollte den ganzen Körper z.B. beim Bürsten alle 3 Monate anschauen, um Veränderungen oder Parasitenbefall zu erkennen.
C) Ja, der Hund sollte nur das teuerste Futter bekommen. Das ist in aller Regel auch das Beste.
D) Ja, einmal wöchentlich sollte man den Hund baden.

132. Sie bemerken im Fell Ihres Hundes kleine, schwarze Krümel und haben auch schon schmale, dunkle, ca. 2 mm lange Lebewesen auf ihm laufen sehen. Was bedeutet das?
A) Es besteht der Verdacht eines Flohbefalls.
B) Diese kleinen Tiere sind meist Grasfliegen, die kein gesundheitliches Problem für den Hund darstellen.
C) Der Hund hat sich sicher im Unrat gewälzt; baden Sie ihn mit Shampoo.
D) Man sollte den Hund scheren, denn das ist Läusebefall.

133. Wie wird Tollwut übertragen?
A) Durch Körperkontakt mit einem tollwuterkrankten Tier.
B) Wenn Speichel eines tollwuterkrankten Tieres in die Blutbahn kommt, z.B. durch einen Biss.
C) Durch das Anfassen von Fuchskot.
D) Mücken stellen unter anderem eine gefährliche Infektionsquelle für Tollwut dar.

134. Wann sollte ein erwachsener Hund entwurmt werden?
A) Durch eine regelmäßige Entwurmung werden eventuell vorhandene Würmer abgetötet.
B) Wenn der Hund abnimmt, hat er bestimmt Würmer und muss vier Wochen lang wöchentlich entwurmt werden.
C) Wenn er aus dem After blutet.
D) Ein erwachsener Hund muss gar nicht mehr entwurmt werden.

HALTUNG

135. Was ist im Sommer bei hohen Temperaturen zu beachten?
A) Schönes warmes Wetter sollte zu Tageswanderungen genutzt werden.
B) Für kurzhaarige Hunde ist nichts zu beachten, langhaarige Hunde sollten im Hochsommer max. 3 Stunden täglich spazieren geführt werden.
C) Hunde mit kurzem Fell müssen grundsätzlich mit Sonnenmilch eingerieben werden, um Verbrennungen zu vermeiden.
D) Hunde sollten im Sommer nicht in parkenden Autos zurückgelassen werden.

136. Gibt es Nachteile, wenn man mehr als einen Hund hält?
A) Ja, man muss doppelt so oft spazieren gehen.
B) Ja, man muss zwei Sachkundeprüfungen ablegen.
C) Ja, man muss doppelte Kosten für Futter, Tierarzt, Hundesteuer, Versicherung, Ausstattung usw. tragen.
D) Ja, die Hunde streiten sich oft ums Futter.

HUND UND ÖFFENTLICHKEIT

137. Wo sollte ein Hund – auch wenn es vielleicht nicht ausdrücklich verboten ist – aus Rücksichtnahme immer angeleint werden?

A) In der Nähe von Kindergärten, Schulen, Spiel- und Sportplätzen, an Bus- und Bahnhöfen, in öffentlichen Gebäuden, in Einkaufszentren, Restaurants, auf Bauernhöfen und an Reitställen, wo auch für den Hund erhöhte Verletzungsgefahr durch auskeilende Pferde besteht.
B) Nur da, wo es verboten ist.
C) Auf der Hundewiese
D) In der Wohnung, wenn Besuch kommt
E) Im Auto

138. Wie sollte sich ein Hundehalter verhalten, wenn er beim Spaziergang auf andere Hundehalter mit angeleinten Hunden trifft?

A) Ich lasse meinen Hund natürlich dahin laufen. Schließlich freut er sich, wenn er mit anderen spielen kann.
B) Ich rufe meinen Hund zu mir und leine ihn ebenfalls an. Wenn alle Hundehalter einwilligen, können die Hunde abgeleint werden und miteinander spielen.
C) Ich beschwere mich bei den anderen Hundehaltern, weil sie ihre armen Hunde nicht frei laufen lassen.
D) Ich drehe mich um und gehe mit meinem Hund weg.
E) Ich nehme meinen Hund auf den Arm.

139. Sie gehen mit Ihrem sechsjährigen Kind im Park spazieren. Ein freilaufender Hund kommt auf Sie zu gerannt. Was tun Sie?

A) Wenn er freiläuft, will er sicher spielen. Man kann ihn ruhig anfassen.
B) Sie nehmen Ihr Kind auf den Arm und schreien den Hund an.
C) Wenn die Möglichkeit besteht, laufen Sie weg und verstecken sich irgendwo.
D) Sie nehmen Ihr Kind bei der Hand, wenden sich ab und gehen ruhig weiter.

140. Auf dem Hundespaziergang kommt Ihnen ein Reiter entgegen. Wie soll man sich verhalten?

A) Wenn der Hund Pferde kennt, braucht man nichts zu unternehmen.
B) Man sollte den Reitern zurufen, das der Hund pferdefreundlich ist und der Reiter sich keine Sorgen zu machen braucht.
C) Wenn der Reiter nur Schritt reitet, ist keine Gefahr gegeben, denn das langsame Reiten verleitet nicht zum Jagen.
D) Man sollte seinen Hund grundsätzlich unter Kontrolle nehmen, um Unfälle zu vermeiden.

141. Dicht neben Ihrem Fahrrad ist ein sichtlich verängstigter Hund angeleint. Wie verhalten Sie sich?

A) Ich nähere mich dem Hund, um ihn an einem besser geeigneten Ort anzuleinen.
B) Ich schiebe den Hund sanft zur Seite, um an mein Fahrrad zu gelangen.
C) Ich warte auf die Rückkehr des Halters, damit er seinen Hund ableinen kann.
D) Ich erkläre dem Hund, dass er keine Angst zu haben braucht.

142. Sie haben sich einen Hund aus dem Tierheim geholt. Ihnen wurde gesagt, dass das Tier keine Kinder mag. Wie verhalten Sie sich mit dem Hund, wenn Ihnen Kinder entgegen gerannt kommen?

A) Sie machen den Hund auf die Kinder aufmerksam und erklären ihm, dass sie ihm nichts tun werden.
B) Sie nehmen den Hund an die Leine und sichern ihn so, dass er die Kinder nicht anspringen oder anderweitig kontaktieren kann.
C) Sie belehren die Kinder, dass sie um Hunde lieber einen weiten Bogen zu machen haben.
D) Sie machen den Hund auf die Kinder aufmerksam und schimpfen ihn kräftig aus, damit er lernt, dass Kinder nicht bedroht werden dürfen.

143. Sie gehen mit Ihrem Hund unangeleint spazieren und es kommt Ihnen eine Gruppe Kinder entgegen gerannt. Was tun Sie?

A) Sie leinen Ihren Hund an.
B) Wenn Ihr Hund Kinder nicht beißt, können Sie ihn laufen lassen.
C) Ihr Hund hat einen relativ guten Gehorsam. Sie können ihn laufen lassen.
D) Sie rufen den Kindern zu, dass diese stehenzubleiben haben, da sonst bei dem Hund ein Jagdverhalten auslösbar wäre.

144. Sie gehen mit Ihrem freilaufenden Hund spazieren. Ein Spaziergänger bleibt zögernd und verängstigt stehen. Wie verhalten Sie sich?

A) Wenn es ein Ort ist, an dem man den Hund laufen lassen darf und der Hund brav ist, muss man nichts unternehmen.
B) Ich gehe auf die Leute zu und versichere, dass der Hund ganz lieb ist.
C) Ich rufe meinen Hund zu mir und erkläre ihm, dass die Leute Angst vor ihm haben.
D) Ich leine meinen Hund sofort an, denn andere Menschen sollen sich durch meinen Hund nicht bedroht fühlen.

145. Was tut man, wenn zwei Hunde sich beißen?

A) Man geht dazwischen und versucht die Hunde an den Halsbändern zu ziehen.
B) Man versucht, Wasser auf die Hunde zu schütten, damit sie kurz aufhören und dann getrennt werden können.
C) Man sollte zuerst an den Schutz der Menschen denken und nicht unüberlegt und panisch dazwischen gehen.
D) Es ist besser, die Hunde unverzüglich zu trennen, ohne Rücksicht auf Verletzungen der helfenden Personen.

146. Ein fremder Hund kommt knurrend und bellend auf Sie zu. Wie verhalten Sie sich?

A) Sie drehen sich um und rennen weg.
B) Sie starren dem Hund in die Augen, um ihn abzuschrecken.
C) Sie wenden sich ruhig ab und schauen dem Hund nicht in die Augen.
D) Sie drohen dem Hund mit erhobenen Armen.

147. Sie haben einen Hund aus dem Tierheim geholt, über dessen Vorgeschichte das Tierheim keine Angaben machen kann. Wie sollten Sie sich in der nächsten Zeit bei Spaziergängen verhalten?

A) Ich führe den Hund nur an der Leine und lasse mir Zeit, den Hund und sein Verhalten in den verschiedensten Situationen kennen zu lernen.
B) Ich lasse den Hund direkt frei laufen, damit er seine neue Umwelt ganz frei und ungezwungen erkunden kann.
C) Ich gehe nur noch morgens ganz früh und abends spät mit dem Hund spazieren, damit ich niemandem unterwegs begegne.
D) Der Hund sollte im ersten halben Jahr einen Maulkorb tragen.

148. Plötzlich kommt auf dem Spaziergang ein fremder Hund und knurrt den eigenen – frei laufenden – an. Wie sollte man sich in dieser Situation verhalten?

A) Ich nehme meinen Hund schnell hoch, damit er nicht gebissen wird.
B) Ich stelle mich schützend vor meinen Hund, bereit, notfalls nach dem anderen Hund zu schlagen, wenn dieser noch näher kommt.
C) Ich wende mich ab und gehe weg und rufe meinen Hund zu mir, damit er mir folgen kann.
D) Ich bleibe stehen. Die Hunde werden diese Situation vermutlich in einer Rauferei klären. Das ist normales Hundeverhalten und ich muss ihnen die nötige Zeit dazu geben.

149. Sie wollen eine Fahrradtour mit Ihrem Hund machen. Welche Maßnahmen empfehlen sich?

A) Die Leine sollte möglichst lang gelassen werden, damit der Hund einen großen Radius ablaufen kann.
B) Der Hund sollte spezielle Laufschuhe tragen, damit er sich nicht wund läuft.
C) Die Hundeleine sollte am Lenker befestigt werden, damit ein schneller Zugriff im Notfall möglich ist.
D) Der Hund sollte dazu entsprechend trainiert sein und die nötige Kondition haben.

VERSICHERUNG UND GESETZE

150. Im Mietvertrag ist kein Hinweis zu finden, ob Tierhaltung erlaubt ist. Darf man sich dann einen Hund anschaffen?

A) Nein, man muss erst die schriftliche Erlaubnis des Vermieters einholen.
B) Ja, aber nur einen Hund, der weniger als 40 cm Schulterhöhe groß ist.
C) Ja, ansonsten müsste das Haltungsverbot extra erwähnt werden.
D) Nein, man muss sich erst die Zustimmung aller anderen Mieter holen.

151. Warum müssen Hunde im Auto speziell gesichert sein?

A) Im Falle eines Unfalls erhält der Fahrer des Autos mit einem ungesicherten Hund häufig eine Teilschuld.
B) Im Falle eines Unfalls erhält der Fahrer des Autos mit einem ungesicherten Hund in der Regel die Schuld.
C) Hunde ab einem Gewicht von 10 kg sollten gesichert werden, weil diese ein Verletzungsrisiko für die Insassen darstellen.
D) Hunde ab einem Gewicht von 20 kg sollten gesichert werden, weil diese ein erhebliches Verletzungsrisiko für die Insassen darstellen.

152. Welche der folgenden Aussagen gilt für den Handel mit Hunden in Deutschland?

A) Der Handel mit Hunden aus dem Ausland ist grundsätzlich verboten.
B) Den Handel mit Hunden ist je nach Bundesland unterschiedlich geregelt.
C) Ohne Einwilligung der Erziehungsberechtigten dürfen Hunde nicht an Kinder und Jugendliche unter 16 Jahren verkauft oder verschenkt werden.
D) Wer einen Hund verkauft, muss den Verkauf dem zuständigen Finanzamt melden.

153. Welche rechtlichen Vorschriften befassen sich ausschließlich mit der Haltung von Hunden?

A) Tollwutverordnung.
B) Tierschutz-Hundeverordnung.
C) Tierschutzgesetz.
D) Tierschutz-Nutztierhaltungsverordnung.

154. Welche der folgenden Bestimmungen gelten in allen Bundesländern?

A) Es ist verboten, einen Hund freilaufend neben dem Fahrrad zu führen.
B) Es ist verboten, einen Hund neben dem Kraftfahrzeug laufen zu lassen.
C) Es ist verboten, einen Hund neben dem Pferd freilaufen zu lassen.
D) Es ist grundsätzlich verboten, einen Hund in der Stadt freilaufen zu lassen.

155. Welche Aussage trifft für Gesetzesverstöße beim Umgang mit Hunden zu?

A) Eine Körperverletzung durch einen Hund kann eine Straftat sein und durch die Staatsanwaltschaft verfolgt werden.
B) Gesetzesverstöße beim Umgang mit Hunden sind immer Ordnungswidrigkeiten, niemals Straftaten.
C) Sicherstellung von Hunden und Anordnung zur tierschutzgerechten Tötung durch Behörden sind nicht möglich.
D) Nur wenn man seinen Hund absichtlich auf Schärfe trainiert, ist man bei Beißunfällen haftbar zu machen.

156. Die zuständige Behörde kann einen Hund als gefährlich einstufen, wenn ...

A) er sehr stark an der Leine zieht.
B) er eine fremde Hündin ohne Erlaubnis des Besitzers gedeckt hat.
C) er häufig bellt.
D) er über das natürliche Maß hinausgehende Aggressivität zeigt.

157. Darf der Hund auf einen Kinderspielplatz mitgenommen werden?

A) Ja, aufgrund kommunaler Regelungen, aber meistens nur an der Leine.
B) Ja, wenn der Hund nicht aggressiv ist, auch ohne Leine.
C) Ja, wenn der Hund relativ gut auf Kommandos hört, auch ohne Leine.

D) Nein, aufgrund kommunaler Regelungen ist das in der Regel nicht erlaubt.

158. Darf ein Hund allein in einem Fahrzeug bleiben?

A) Nein, das ist laut Tierschutz-Hundeverordnung nicht erlaubt.
B) Ja, wenn der Hund daran gewöhnt ist.
C) Ja, aber maximal für eine Stunde.
D) Ja, aber nur, wenn für ausreichend Frischluft und angemessene Temperaturen sorgt.

159. Welche Haltungsform ist laut Tierschutz-Hundeverordnung erlaubt?

A) Die Haltung eines Hundes im dunklen Keller.
B) Den Hund ohne Kontakt zu Sozialpartnern zu halten.
C) Die Zwingerhaltung in Anbindung.
D) Zwingerhaltung, wenn eine Schutzhütte vorhanden ist und der Hund u.a. täglich Sozialkontakt bekommt.

160. Was folgt, wenn ein Hund einen Menschen gebissen hat und dies zur Anzeige gebracht wurde?

A) Der Hund wird von der zuständigen Behörde überprüft und es werden voraussichtlich Maßnahmen angeordnet.
B) Der Hund wird dem Halter entzogen und voraussichtlich eingeschläfert.
C) Der Hundehalter muss mit dem Hund einen Erziehungskurs besuchen.
D) Die Behörde prüft, ob eine andere Unterbringung des Hundes sinnvoll wäre.

161. Was ist bei einer Autofahrt mit Hund zu beachten?

A) Der Hund muss in einer Hundebox, mit Gitterabtrennung oder besonders angeschnallt transportiert werden.
B) Der beste Platz für den Hund ist der Beifahrersitz, da er von dort aus alles sehen kann.
C) Wenn der Hund folgsam und nicht zu groß ist, darf er sich frei im Auto bewegen.
D) Der Hund darf nur in einer Hundebox transportiert werden.

162. Ist es in Deutschland erlaubt, Hunde einzuschläfern?

A) Nein, das ist in jedem Fall illegal.
B) Ja, aber nur, wenn erhebliche Leiden und Schmerzen zu vermuten sind und keine Möglichkeit der Behandlung besteht.
C) Ja, da Tiere als Sachwerte zählen, ist das ohne Einschränkung möglich.
D) Ja, wenn der Besitzer das Tier nicht mehr halten kann.

163. Wann muss ich meinen Hund beim Spazierengehen angeleint führen?

A) Wenn an diesem Ort bzw. aufgrund besonderer Vorkommnisse Leinenpflicht angeordnet worden ist.
B) Das ist überall gesetzlich vorgeschrieben.
C) Wenn der Hund gut erzogen ist, kann man ihn überall freilaufen lassen.
D) Niemand kann mich dazu zwingen, meinen Hund anzuleinen.

164. Was kann man tun, um gegen einen durch den Hund verursachten Schaden rechtlich abgesichert zu sein?

A) Indem er nach dem Vorfall einen Rechtsanwalt einschaltet.
B) Man sollte eine Haftpflichtversicherung abschließen.
C) Indem man seinen Hund gut erzieht.
D) Indem er der zuständigen Gemeinde den Erwerb des Tieres anzeigt.

165. Ist das Kupieren von Ohren und Rute in Deutschland erlaubt?

A) Ja, es ist nicht verboten. Ein Unterlassen wird aus Tierschutzgründen aber empfohlen.
B) Das Kupieren ist nur bei bestimmten Rassen erlaubt.
C) Ja, in Ausnahmefällen ist dies aus medizinischen Gründen erlaubt.
D) Das Kupieren das der Rute ist erlaubt, das der Ohren ist verboten.

166. Gibt es für die dauerhafte Anbindehaltung eines Hundes in Deutschland Vorgaben?

A) Es gibt diesbezüglich keine besonderen Bestimmungen.
B) Die Anbindevorrichtung muss der Größe und dem Gewicht des Hundes angepasst sein.
C) Die Anbindevorrichtung muss mindestens zwei Meter lang sein.
D) Anbindehaltung kann an einer speziellen Laufleinen-Vorrichtung erlaubt sein.

LÖSUNGEN

1 – c
2 – d
3 – b
4 – d
5 – b
6 – c
7 – a
8 – a
9 – c
10 – e
11 – b
12 – b
13 – c
14 – c
15 – a
16 – a
17 – c
18 – d
19 – b
20 – a
21 – c
22 – b
23 – a
24 – c
25 – b
26 – e
27 – c
28 – c
29 – c
30 – c
31 – b
32 – a
33 – c
34 – a
35 – a
36 – a
37 – b
38 – c
39 – b
40 – c
41 – a
42 – c
43 – c
44 – b
45 – a
46 – a
47 – c
48 – d
49 – d
50 – a
51 – c
52 – a
53 – c
54 – b
55 – b
56 – a
57 – e
58 – b
59 – b
60 – a
61 – c
62 – d
63 – b
64 – d
65 – a
66 – b
67 – c
68 – a
69 – b
70 – a
71 – a
72 – d
73 – c
74 – c
75 – b
76 – d
77 – b
78 – b
79 – a
80 – a
81 – b
82 – b
83 – c
84 – b
85 – b
86 – a
87 – c
88 – d
89 – a
90 – a
91 – b
92 – b
93 – c
94 – a
95 – b
96 – c
97 – b
98 – b
99 – b
100 – b
101 – a
102 – d
103 – a
104 – a
105 – a
106 – a
107 – c
108 – d
109 – b
110 – c
111 – c
112 – b
113 – a
114 – a
115 – b
116 – a
117 – a
118 – a
119 – c
120 – b
121 – b
122 – b
123 – b
124 – b
125 – b
126 – b
127 – c
128 – b
129 – b
130 – a
131 – a
132 – a
133 – b
134 – a
135 – d
136 – c
137 – a
138 – b
139 – d
140 – d
141 – c
142 – b
143 – a
144 – d
145 – c
146 – c
147 – a
148 – c
149 – d
150 – a
151 – a
152 – c
153 – b
154 – b
155 – a
156 – d
157 – d
158 – d
159 – d
160 – a
161 – a
162 – b
163 – a
164 – b
165 – c
166 – d

SERVICE

ZUM WEITERLESEN

Hier finden Sie zahlreiche Bücher rund um den Hund, die Sie ebenfalls interessieren könnten.

HUNDEERZIEHUNG

Bruns, Sandra: **Das Hundebuch für Kids.** Kosmos 2025

De Sousa Marques, Ellen: **Erziehung braucht Beziehung**. Kosmos 2025

El Ayachi, Sami und Renée Herrnkind: **Leinenführigkeit.** Kosmos 2025

Kitchenham, Kate: **Die 10 Kompetenzen für Hunde**. Kosmos 2023

Meiburg, Sonja: **Gassi-Training**. Kosmos 2025

Pauliks, Claudia: **Hundeerziehung leicht gemacht.** Kosmos 2026

Rütter, Martin und Andrea Buisman: **Hundeerziehung mit Martin Rütter.** Kosmos 2022

Seumel, Ulrike: **Marker-Training für Hunde.** Kosmos 2020

WELPEN UND TIERSCHUTZHUNDE

Fichtlmeier, Anton und Gila: **Grunderziehung für Welpen.** Kosmos 2026

Gansloßer, Udo, Bettina Hinte-Breindl, Kristin Strauß: **Moderne Welpenerziehung.** Kosmos 2023

Löckenhoff, Ursula und Simone Sombecki: **Tierschutzhund – Lieblingshund.** Kosmos 2025

Meiburg, Sonja: **Welpenschule.** Kosmos 23.

Rütter, Martin und Andrea Buismann: **Tierschutzhunde.** Kosmos 2023

Rütter, Martin und Andrea Buisman: **Welpentraining mit Martin Rütter.** Kosmos 2022

Scheller, Desirée: **Welpen erziehen mit Erfolg.** Kosmos 2026

Zvolsky, Norma: **Retrieverschule für Welpen.** Kosmos 2018

HUNDEVERHALTEN

Grote, Maren: **Hunde lesen lernen.** Kosmos 2022

Handelman, Barbara: **Hundeverhalten.** Kosmos 2010

Rütter, Martin und Andrea Buisman: **Sprachkurs Hund mit Martin Rütter.** Kosmos 2022

PROBLEMATISCHES VERHALTEN

Brede, Nora und Ute Heberer: **Problem Hund.** Kosmos 2025

Fiedler, Anja: **Jagdverhalten verstehen, kontrollieren, ausgleichen.** Kosmos 2019

Heberer, Ute, Nora Brede und Normen Mrozinski: **Aggressionsverhalten beim Hund.** Kosmos 2017

Matthews, Nadin: **Duell auf offener Straße.** Leinenaggression beim Hund. Kosmos 2021

Rütter, Martin und Andrea Buisman: **Angst bei Hunden – mit Martin Rütter.** Kosmos 2022

Rütter, Martin und Andrea Buisman: **Problem gelöst – mit Martin Rütter.** Kosmos 2022

GESUNDHEIT UND ERNÄHRUNG

Beulen, Christiane und Sylke Kriwaczek: **Napf-Ideen**. Kosmos 2024
Jobi, Anke: **Clean Feeding – Hunde natürlich füttern**. Kosmos 2019
Nadig, Alexandra: **Heilpflanzen für Hunde**. Kosmos 2018
Nees, Cristine und Christian: **Die Hunde-Sprechstunde**. Kosmos 2025

BESCHÄFTIGUNG

Fallscheer, Ute C.: **Trainingsbuch Fährtenarbeit**. Kosmos 2020
Kitchenham, Kate: **Spielen bildet – Spielen bindet**. Kosmos 2026
Radant, Uwe: **Zughundesport**. Kosmos 2018
Rütter, Martin und Andrea Buisman: **Hunde beschäftigen – mit Martin Rütter**. Kosmos 2022
Rütter, Martin und Andrea Buismann: **Apportiertraining mit Martin Rütter**. Kosmos 2025
Schäfer-Koll, Sandra: **Rally-Obedience**. Kosmos 2020

NÜTZLICHE ADRESSEN

Verband für das Deutsche Hundewesen (VDH) e. V
Westfalendamm 17
44141 Dortmund
Telefon: +49 231 565 00-0
E-Mail: info@vdh.de
Internet: www.vdh.de

Österreichischer Kynologenverband (ÖKV)
Siegfried Marcus-Str. 7
A-2362 Biedermannsdorf
Telefon: +43-(0)2236/710 667
E-Mail: office@oekv.at
Internet: www.oekv.at

Schweizerische Kynologische Gesellschaft (SKG)
Brunnmattstraße 24
CH-3007 Bern
Telefon: + 41 31 306 6262
Internet: www.skg.ch

DIE AUTORINNEN

Dr. Sandra Bruns ist Tierärztin mit Schwerpunkt Verhaltenstherapie, Inhaberin der Hundeschule „Training für Hundebesitzer“und bereitet u.a. Hundehalter auf den Hundeführerschein vor. Insbesondere der Umgang mit aggressiven Hunden zur Gutachtenerstellung und Therapie gehört zu ihren täglichen Aufgaben. Mit ihrer Familie und ihrer Hündin lebt sie in Hannover.

Dr. Esther Schalke ist Tierärztin mit Schwerpunkt Verhaltenstherapie, Aggression und Ausbildung von Sport- und Diensthunden. Inzwischen ist sie Oberstabsveterinärin bei der Bundeswehr und leitet u. a. ein Forschungsprojekt, in dem Diensthunde zum Erspüren des Corona-Virus ausgebildet werden.

Gabriele Metz ist freie Journalistin und Fotografin, hat seit über 20 Jahren Fachartikel und Bücher veröffentlicht und ist eng mit dem VDH verbunden. Sie lebt mit ihrem English Setter-Rüden in Mülheim/Ruhr.

REGISTER

A

Abbruchsignal 53
Abgabealter 23 f.
Aggression 80, 82 ff.
Aggressionsverhalten 82 ff.
Alleinsein 88 f.
Angst 78 f.
Angsthaltung 46
Anleinpflicht 120
Anpassungsfähigkeit 69
Anspringen 60, 73
Assoziationen 54
Assoziatives Lernen 52
Ausdrucksverhalten 44 f.
Auswahl der Rasse 22 f.
Auswahl des Hundes 19 ff.

B

Barfen 98
Basiserziehung 56 ff.
Bedürfnisse des Hundes 52, 69
Beißhemmung 42 f., 96
Belohnung 52 f.
Bestimmungen der Länder 132
Bewegungsapparat 95
Bezugsperson 69, 74 f.
Bleib 60
Blickkontakt 56 f.
Borreliose 115

C

Canine Parvovirose 114
Clicker 60, 64 f.
Clickertraining 52, 65

D

Demutshaltung 46
Dogsitter 17
Drohverhalten 46

E

Einengende Situationen 84
Eingewöhnung 37 ff.
Ektoparasiten 110 f.
Endoparasiten 111 f.
Entstehung des Hundewesens 11 f.
Entwicklungsphasen 24, 34 ff.
Ernährung 92, 98 f.
Erwartungshaltung 46
Erziehung 48 ff.
Erziehungstipps 56

F

Familienhierarchie 44
FCI-Gruppeneinteilung 21
Fellpflege 118
Finanzieller Aufwand 16 f.
Flöhe 110 f.
Fluchtdistanz 84
Fortpflanzung 104
Fragenkatalog 138 ff.
Fütterung 98 ff.
Fütterungsmenge 100

G

Gebiss 96 f.
Geduld 65
Gehör 101
Geruchssinn 101 ff.
Geschichte 8 ff.
Geschirr 63, 64 f.
Geschlecht 28 f.
Geschmackssinn 103
Gesetze 124
Gesetze der Bundesländer 13
Gesundheit 92 ff.
Gesundheitsvorsorge 114
Gewöhnung 50 f.
Grundausstattung 17
Grundgehorsam 56 ff.
Grundimmunisierung 115
Grundlagen des Lernens 50 ff.

H

Habituation 50 f.
Habituationsphase 35
Haftpflichtversicherung 18, 124
Halsband 18, 63 ff.
Haltung mehrerer Hunde 74 f.
Haustierregister 30
Hepatitis 114 f.
Herkunft des Hundes 25 f.
Hier 58 f.
Hilfsmittel 64 ff.
Hinlegen auf Signal 59
Hörzeichen 58 f.
Hund und Familie 68 f.
Hund und Hunde 74 f.
Hund und Kinder 72 f.
Hund und Öffentlichkeit 118 ff.
Hunde mit Vorgeschichte 20 f.
Hundesenioren 116 f.

Hundetagesstätte 17
Hundetrainer 38
Hündin 28 f.

I
Idealgewicht 99
Impfung 40
Imponiergehabe 81
Imponierverhalten 46
Individualdistanz 84
Infektionskrankheiten 114 f.

J
Jagd, Alternativen zur 87
Jagen 86 f.

K
Kastration 28 f., 104 ff.
Kennzeichnungspflicht 30
Kommentkampf 81
Kommunikation 32 ff., 44 f.
Konditionierung 52, 54
Konsequenz 65
Kontakt zu Artgenossen 80
Körpersprache 44, 46 f.
Kosten 17 f., 74
Kot 100
Krankenversicherung 18
Kritische Distanz 84

L
Läufigkeit 28, 104
Leckerchen 55
Leine 63 f.
Leinenführigkeit 63
Leptospirose 115
Lernen 50 ff.
Lernverhalten 48 ff.
Liebeskummer 28
Lobwort 53, 61

M
Magendrehung 100
Massenzuchten 25 ff.
Mensch-Hund-Beziehung 66 ff.
Mikrochip 30
Milben 110
Mischling 19
Motivation 54 f.
Mythen 70 f.

N
Namen 56
Negative Strafe 53
Neonatale Phase 34
Neutralhaltung 46
Normalverhalten 44

O
Ohrenpflege 108

P
Parasiten 110 ff.
Pfeife 64
Pflege 92 ff.
Platz 59
Positive Belohnung 53
Positive Bestärkung 50
Positive Verstärker 55
Probleme mit anderen Hunden 80 f.
Problemverhalten 76 ff.
Pubertät 90 f.

R
Rangordnung 71
Rassehund 19
Rassehundeausstellungen 22
Rassen, unterschiedliche 40
Ressourcen 44 f.
Rückruf 58 f.
Rücksicht 120 ff.
Rückzugsmöglichkeiten 68
Rüde 28 f.
Ruhezonen 68 f.

S
Schadensvermeidung 50
Scheinträchtigkeit 104, 106 f.
Schleppleine 63 f., 81
Sehleistung 103
Selbstkontrolle 63
Sensibilisierung 51
Sichtzeichen 58
Sinne 101 f.
Sitz 58
Sozialisationsphase 36 f.
Sozialkontakt 80
Sozialverhalten mit Artgenossen 38 ff.
Spielhaltung 46
Spielzeug 55
Staupe 114
Sterilisation 106

Strafe 53
Stress mit anderen Hunden 80 f.
Stubenreinheitstraining 35

T
Tastsinn 103
Tauschobjekt 63 f.
Tierheimhunde 27
Tierschutz-Hundeverordnung 136
Tollwut 115
Trennungsbezogene Probleme 88 f.

U
Übergangsphase 34
Umweltreize 40
Unsicheres Drohen 46
Untergründe, verschiedene 40

V
VDH 11
Verdauung 98 ff.
Verhalten 32 ff.
Verhalten auf einen Blick 46 f.
Vermehrer 27
Vermenschlichung 69
Versicherung 18, 124
Verstärkung 53

W
Wegnehmen einer Beute 63 f.
Welpengruppen 38 ff.
Würmer 111 f.

Z
Zahnpflege 97
Zahnstein 97
Zecken 110
Zeitbedarf 16 f., 74
Züchter 26 f.
Zuchtstättencheck 27
Zwingerhusten 115

BILDNACHWEIS

86 Farbfotos wurden von Anna Auerbach für dieses Buch aufgenommen.

Weitere Farbfotos von akg images (© Gustave Caillebotte 1: S. 6/7, © Mondadori Portfolio:1 S. 12), Sandra Bruns (1: S. 30), Annett Mirsberger/Kosmos (7: S. 45 alle, 68, 73, 85), Heike Schmidt-Röger/Kosmos (3: S. 99 alle), Shutterstock (© Martin Grossmann, 1: S. 87 o., © Srinuan Hirunwat, 1: S. 83, © Kjesil Kolbjounsrud, 1: S. 71, © Otsphoto, 1: S. 94, © Volodymyr Plysiuk, 1: S. 82, © Randy Rimland, 1: S. 26 o.r., © morrai_szilard, 1: S. 87 m., © Camelia Varsescu, 1: S. 84), Anett Seidensticker (1: S.69), Trio Bildarchiv (© Natalie Große, 3: S. 61 o. l., 122, 160/161, © Jasmin Hummer, 1: S. 66/67, © Brigitte Kreisl, 1: S. 87 u., © Nicole Noack, 1: S. 29 u., © Nicole Schoch, 2: S. 102, 103, © Katharina Schwerdtfeger, 1: S. 19, © Dana Thimel, 3: S. 112 beide,113), Jana Weichelt/Kosmos (2: S. 29 o. und m.).

Abdruck der 6 Fotos auf S. 8 beide, 9, 10 beide und 11 mit freundlicher Genehmigung des Musée de la Chasse et de la Nature, Paris.

Mit Illustrationen von Wolfgang Lang-Graf (3: S. 96, 99, 110) und Paschalis Dougalis (8: S. 47 alle).

Umschlaggestaltung von GRAMSICI Editorialdesign unter Verwendung von 2 Farbfotos von Anna Auerbach (U1 und Klappe v. i. o.) sowie Trio Bildarchiv (© Kerstin Odelt, 2: U4, Klappe hi. i. u., © Nina Jüngling, 1: Klappe hi. i. re., © Nicole Schick, 1: Klappe v. i. l.), Autorenfotos von privat.

Mit 126 Farbfotos und 12 Illustrationen.

Alle Angaben in diesem Buch erfolgten nach bestem Wissen und Gewissen. Sorgfalt bei der Umsetzung ist indes dennoch geboten. Der Verlag und der Autor übernehmen keinerlei Haftung für Personen-, Sach- oder Vermögensschäden, die aus der Anwendung der vorgestellten Materialien und Methoden entstehen könnten.

Unser gesamtes Programm finden Sie unter **kosmos.de**.
Über Neuigkeiten informieren Sie regelmäßig unsere Newsletter, einfach anmelden unter **kosmos.de/newsletter.**

Gedruckt auf chlorfrei gebleichtem Papier

© 2020, Franckh-Kosmos Verlags-GmbH & Co. KG,
Pfizerstraße 5–7, 70184 Stuttgart
kosmos.de/servicecenter

ISBN: 978-3-440-16294-1
Redaktion: Alice Rieger
Gestaltungskonzept: Peter Schmidt Group GmbH, Hamburg
Gestaltung und Satz: DOPPELPUNKT, Stuttgart
Produktion: Nina Renz
Druck und Bindung: Westermann Druck Zwickau GmbH, Zwickau
Printed in Germany / Imprimé en Allemagne

FSC www.fsc.org MIX Papier | Fördert gute Waldnutzung FSC® C110508